As duas primeiras leis

José Guilherme Chaui-Berlinck
Ricardo Alves Martins

As duas primeiras leis

Uma introdução à Termodinâmica

Direitos de publicação reservados à:
Fundação Editora da UNESP (FEU)

Praça da Sé, 108
01001-900 – São Paulo – SP
Tel.: (0xx11) 3242-7171
Fax: (0xx11) 3242-7172
www.editoraunesp.com.br
www.livrariaunesp.com.br
feu@editora.unesp.br

CIP – Brasil. Catalogação na publicação
Sindicato Nacional dos Editores de Livros, RJ

C437d

Chaui-Berlinck, José Guilherme
As duas primeiras leis: uma introdução à Termodinâmica / José Guilherme Chaui-Berlinck, Ricardo Alves Martins. – 1.ed. – São Paulo: Editora Unesp, 2013.

ISBN 978-85-393-0428-8

1. Termodinâmica. 2. Física. I. Martins, Ricardo Alves. II. Título.

13-01300 CDD: 536.7
CDU: 536.7

Editora afiliada:

Agradecimentos

Entre os membros da equipe que transita no Laboratório de Fisiologia Teórica, queremos apresentar especiais agradecimentos a alguns deles: José Eduardo Soubhia Natali, Vitor Hugo Rodrigues, Fernando Silveira Marques, Breno Teixeira Santos. Este livro é, sem dúvida, fruto do esforço conjunto que desenvolvemos há tempos.

O desenvolvimento de projetos científicos abordando interfaces entre Termodinâmica e Biologia tem sido possível graças aos diversos tipos de apoio financeiro que o Laboratório recebeu, nos últimos anos, da Fundação de Amparo à Pesquisa do Estado de São Paulo (Fapesp), particularmente o auxílio 06/02120-0 e bolsas a este relacionadas.

Sumário

A MOTIVAÇÃO DESTE GUIA

A Termodinâmica é um dos pilares da ciência contemporânea, para se dizer pouco. Da Física, seus ramos se estendem a muitas outras áreas, como a Química e a Engenharia, apenas para citar alguns exemplos. O fascínio que os desenvolvimentos oriundos da Termodinâmica exercem tanto sobre o público científico quanto sobre o leigo é, sem dúvida, notório. Isso se enfatiza ainda mais quando se leva em consideração que, na Termodinâmica, não há nem o apelo da relatividade nem o da quântica.

A origem de tal fascínio fica muito além dos nossos objetivos neste texto. Porém, um fato é certo. Com o fim da aceitação de patentes para máquinas de "moto perpétuo", houve a sinalização, inequívoca para a sociedade, de que certas coisas são possíveis, e outras nunca o serão. E que, para ser possível, a coisa tem que estar de acordo com a Primeira ("energia") e a Segunda ("entropia") Leis da Termodinâmica. De maneira semelhante ao fim dos monstros e das criaturas bizarras trazido pela teoria da evolução por seleção natural, a Termodinâmica trouxe o fim das máquinas e dos mecanismos fantasiosos, funcionais apenas no desejo de seus criadores. Há regras para o possível.

Previsivelmente, a Termodinâmica também é considerada uma das bases para o entendimento analítico de organismos em seus mais diversos níveis hierárquicos. Contudo, as maneiras pelas quais ela se manifesta nos seres vivos parecem, muitas vezes, enganar o estudioso. Nesse sentido, "calor" é amplamente tomado por "quente" ou considerado como "aumento de temperatura". Ou seja, na maior parte das vezes, as pessoas não fazem distinção entre o *processo de troca de energia por diferença de temperatura* (i.e., calor) e as manifestações possíveis de aumento da energia interna.[1] O resultado disso surge como uma interpretação precária ou falha da Primeira Lei, a que diz respeito à conservação de energia. Assim, por exemplo, a manutenção de uma temperatura corpórea mais elevada que a do ambiente (ou seja, a condição de endotermia característica de aves e mamíferos – mas não somente desses grupos) não está relacionada à "produção de calor", mas, sim, às ineficiências presentes nos processos de transferência entre os tipos de energia (abordaremos esse tópico na parte II do livro).

Existe, aí, uma dúzia de conceitos muito importantes na Termodinâmica, mas que são apresentados de maneira um tanto sucinta ou hermética para o não especialista. Com isso, muitos fatores relevantes se tornam conceitos quase ocultos, e os biólogos, em geral, se veem ante duas opções: repetir as "leis" como a força final e inescapável que guia os fenômenos biológicos, fazendo da Termodinâmica um "ato de fé"; ou perecer entre os que aceitaram sua ignorância sobre tal "objeto divino".

A Termodinâmica é uma "coisinha manhosa", disso não restam dúvidas. Entretanto, a "manha" não se encontra na Matemática, como muitos tenderiam a acreditar. Parte significativa do problema se encontra tanto na interpretação que se faz das leis, vide toda a confusão acerca das ideias de entropia, quanto na abordagem, ou seja, em como "arranjar um jeito" para resolver uma dada situação. E a razão por detrás disso é que *a Termodinâmica é uma área essencialmente empírica*. Ou seja, as abordagens estabelecidas têm suas raízes em repetidas séries de observações experimentais sob condições bem

1 Ver, por exemplo, Baierlein, *Thermal Physics*; Fenn, *Engines, energy, and entropy*; Atkins, *Four laws that drive the Universe*.

estabelecidas. A Matemática surge como uma ferramenta na descrição dos fenômenos e não deve ser confundida com as observações *per se*.[2] Ou seja, as leis da Termodinâmica não são o resultado ou a conclusão de equações matemáticas, mas, ao contrário, as equações matemáticas são formuladas a partir dessas leis.

Mais ainda, e a bem da verdade, as equações precisam ser vistas com cuidado, pois, muitas vezes, o que se está procurando não se encontra na equação que se está resolvendo! Veremos um exemplo claro disso quando relacionarmos a variação de energia livre com a variação de entropia.

Apenas para ressaltar o que dissemos quanto ao modo hermético e/ou sucinto da apresentação de conceitos, vamos citar a *reversibilidade* (voltaremos depois a esse tópico de maneira mais aprofundada). Esse conceito, fundamental para o entendimento da Termodinâmica, é apresentado na p.53 do importante livro de Peter Atkins,[3] em uma discussão sobre trabalho e calor, como o subitem (d) da seção. Fato similar ocorre no texto de Sontag, Borgnakke & Van Wylen citado na nota 2. Não há qualquer julgamento de qualidade quanto aos textos que estamos citando; são apenas exemplos de como conceitos fundamentais podem se tornar encobertos na apresentação feita ao leitor não especialista.[4]

O presente livro não pretende ser um texto básico sobre Termodinâmica.

Para isso, um número grande de ótimos livros já está publicado, e nós, enfaticamente, os recomendamos aos leitores. Nossa pretensão é trazer à tona uma série de aspectos da Termodinâmica que são, habitualmente, um tanto eclipsados; aspectos que podem, na nossa perspectiva, auxiliar o não especialista em geral e, em particular, as

2 Por exemplo, Sontag, Borgnakke & Van Wylen, *Fundamentos da Termodinâmica*, p.76.

3 Atkins, *Physical Chemistry*.

4 Como exemplos contrários, podemos citar os livros de Fermi (*Thermodynamics*, p.4), de Planck (*Treatise on Thermodynamics*, p.52, §71) e de Modell & Reid (*Thermodynamics and its applications*, capítulo 4), nos quais o tema é enfatizado de maneira bastante direta.

pessoas mais ligadas a áreas biológicas a transitar de maneira mais crítica em contextos nos quais conceitos termodinâmicos surjam. Muito provavelmente, nenhum leitor estará apto a resolver um problema de Engenharia Mecânica ao término da leitura deste texto. Essa não é nossa pretensão. Por outro lado, contamos que os leitores estarão aptos a entender as sutilezas que serão necessárias nas soluções. Se o intento será alcançado, não competirá a nós responder. O que podemos dizer é que este texto é fruto de vários projetos desenvolvidos em nosso laboratório de pesquisa, projetos aos quais nos dedicamos por vários anos na tentativa de fazer aplicações da Segunda Lei em contextos biológicos os mais variados.

Ao longo de tais anos, o que mais nos transtornava era o caráter quase ilusório dos conceitos que desenvolvíamos ou tentávamos aplicar. A cada novo passo, nos dávamos conta de que algo ficara para trás, que algo nos escapara quase por entre os dedos. É, no fundo, a solução para esses problemas colaterais que trazemos aqui. Foi por meio deles que percebemos quão ardilosa pode se tornar a Termodinâmica para os não especialistas.

A parte I do livro trata da Termodinâmica clássica, a que diz respeito aos sistemas em equilíbrio. Inicialmente, apresentamos uma série de citações, tanto de cientistas quanto de leigos, que ilustram, de maneira divertida, o terreno pantanoso que o leitor está atravessando. Em seguida, fazemos uma apresentação das leis tanto na forma matemática quanto na forma de postulados, abordando a relação entre essas maneiras de se dizer as mesmas coisas. O terceiro capítulo é dirigido a conceitos básicos que não são, de hábito, extensivamente desenvolvidos em livros-texto. O quarto capítulo é dedicado a um dos tópicos mais cheios de barroquismos na Física: entropia. Nesse capítulo, procuramos desmistificar o conceito, colocando-o em uma perspectiva física pura. Energia livre, um tópico extremamente relacionado à variação de entropia, é o assunto do capítulo 5. Para finalizar a parte I, falamos de ciclos. O leitor pode se perguntar qual é o motivo de colocarmos ciclos se o nosso alvo é um público não especialista. O motivo é simples: os ciclos nos permitem visitar, de uma nova perspectiva, os conceitos anteriormente desenvolvidos e perceber muitas das sutilezas envolvidas. Tanto é assim que reservamos a interpretação física mais tangível da entropia para tal capítulo.

Na parte II, o difícil e importante assunto da Termodinâmica de Não Equilíbrio é trazido. Isto é feito sem grandes pretensões, dado que a Matemática envolvida nessa área é bastante pesada e não trivial. Nossa intenção é colocar o leitor a par de alguns conceitos desse tópico. É nessa parte do livro que iremos trazer algumas aplicações na Biologia. Daquelas que trazemos, talvez a mais importante seja a da relação entre o chamado gasto de energia (ou taxa metabólica) e a variação da temperatura corpórea de um organismo. Como iremos evidenciar, a expressão "calor metabólico" surge em decorrência de como se mede a transferência de energia, e não pela existência de "calor" como um processo orgânico. Finalmente, a parte III é dedicada à informação. Procuramos apresentar as relações que se traçam entre a entropia e a informação. Contudo, talvez mais relevantes sejam as relações que não se podem traçar, e iremos ressaltar bastante esse ponto. O livro conta, ainda, com alguns apêndices de caráter matemático, para os leitores interessados num ligeiro aprofundamento. A bibliografia é apresentada com breves comentários sobre os textos. Os artigos científicos, com exceção da revisão de Wehrl e do trabalho de Shannon,[5] são apresentados como leitura complementar.

José Guilherme Chaui-Berlinck e Ricardo Alves Martins
Laboratório de Fisiologia Teórica do Departamento de Fisiologia do Instituto de Biociências da Universidade de São Paulo
Outubro de 2010

5 Wehrl, General properties of entropy, *Reviews of Modern Physics*, 50, p.221-60; e Shannon, A mathematical theory of communication, *The Bell System Technical Journal*, 27, p.379-423.

Lista de símbolos

Símbolo	Significado	Símbolos extra	Significado
B	Uma função geral	1	Estado inicial de um sistema ou preparação
b	Derivada da função geral B	2	Estado final de um sistema ou preparação
w	Trabalho	d	Diferencial exato
W	Trabalho total entre estados 1 e 2	δ	Diferencial inexato
q	Calor	Δ	Variação finita (mensurável)
Q	Calor total entre estados 1 e 2	$\vec{g}$	Aceleração da gravidade
x	Dimensão linear	$\vec{F}$	Força
z	Altura em um campo gravitacional	α	Mudança adiabática

Símbolo	Significado	Símbolos extra	Significado
m	Massa	θ	Mudança isotérmica
T	Temperatura	r	Processo reversível
p	Pressão	~r	Processo não reversível
n	Número de moles	$(\cdot)_{\#}$	Indica que a função · tem o subscrito # mantido fixo
V	Volume		
R	Constante dos gases		
c_v	Calor específico a volume constante		
c_p	Calor específico a pressão constante		
U	Energia interna		
H	Entalpia (na Parte III, entropia informacional)		
G	Energia livre		
$\propto$	Proporcionalidade		

Parte I
Equilíbrio

1
Citações
O lado humano da Termodinâmica

Além de curiosas e divertidas, as citações traduzem diversas angústias e diversos entendimentos que uma área foi gerando na sociedade ao longo do tempo. Mais ainda, as citações nos fazem perceber que não somos os únicos a sofrer de um dado mal. O interessante, no caso da Termodinâmica, é que o leitor irá se deparar com frases e colocações completamente inesperadas, partindo de cientistas e pesquisadores de renome na própria área! Todas as citações a seguir são apresentadas em traduções livres feitas por nós. Elas realçam bem o que dissemos antes, que a Termodinâmica é "manhosa", ou...

A Física Termal tem sutilezas.
Ralph Baierlein (1999)

Todo matemático sabe que é impossível compreender um curso elementar de Termodinâmica.
V. I. Arnold (sem data)

A Termodinâmica é um assunto cômico. Na primeira vez que o estuda, você não entende nada. Na segunda vez, acha que entendeu, com exceção de um ou dois pequenos tópicos. Na terceira vez, sabe que não

entendeu nada, mas, a essa altura das coisas, já está tão acostumado ao assunto, que não mais se incomoda.
Arnold Sommerfeld (*c.*1950)

Não é a Termodinâmica considerada uma estrutura intelectual refinada, testada pelas décadas passadas, cujas sutilezas somente os experts *na arte de manusear hamiltonianos estariam aptos a apreciar?*
Pierre Perrot
(1998, em *A to Z Dictionary of Thermodynamics*)

... nós devemos enfatizar que a "entropia informacional" e a entropia experimental da Termodinâmica são conceitos completamente distintos. Nossa função não pode ser postular qualquer relação entre elas; em vez disso, devemos deduzir quaisquer relações possíveis por meio dos fatos físicos e matemáticos conhecidos. Confusões acerca das relações entre entropia e probabilidade têm sido um dos maiores impedimentos para o desenvolvimento de uma teoria geral da irreversibilidade.
E. T. Jaynes (1963)

Velhos químicos nunca morrem: eles alcançam o equilíbrio termodinâmico.
Autor desconhecido

1ª Lei: você não pode ganhar, apenas empatar.
2ª Lei: você somente pode empatar se atingir o zero absoluto [de temperatura].
3ª Lei: você não consegue atingir o zero absoluto [de temperatura].
Conclusão: você não pode nem ganhar nem empatar.
C. P. Snow
(*American Scientist*, março de 1964, citado por J. S. Dugdale)

Um dos princípios mais lendários e místicos na ciência.
Dennis Overbye
(2001, em *Einstein in love*, referindo-se à entropia)

Se alguém indica que a sua teoria favorita sobre o universo está em discordância com as equações de Maxwell – então pior para as equações de Maxwell. Se [a teoria] é contradita por observações – bem, esses experimentalistas fazem bobagem de vez em quando. Mas, se a sua teoria vai contra a Segunda Lei da Termodinâmica, eu não posso lhe dar nenhuma esperança, não resta nada a esta a não ser colapsar na mais profunda humilhação.
Sir Arthur Stanley Eddington
(1915, em *The nature of the physical world*)

Um bom número de vezes, presenciei encontros entre pessoas que, pelos padrões da cultura tradicional, são consideradas bastante estudadas e têm um certo prazer em expressar sua incredulidade diante da falta de cultura dos cientistas. Uma ou duas vezes fui provocado e retruquei ao grupo quantos deles podiam descrever a Segunda Lei da Termodinâmica. A resposta foi tanto fria quanto negativa. Contudo, eu estava perguntando aquilo que é o equivalente científico de: você leu alguma obra de Shakespeare?
C. P. Snow
(1959, em *The two cultures and the scientific revolution*)

A Segunda Lei da Termodinâmica é, sem dúvida, uma das mais perfeitas leis na Física. Qualquer violação reproduzível desta, não importa quão pequena, traria ao seu descobridor grandes riquezas, bem como uma viagem para Estocolmo [referindo-se ao local onde é designado o Prêmio Nobel]... *Nem mesmo as leis de Maxwell para a eletricidade ou as leis de Newton para a gravitação são tão sacrossantas, pois ambas têm correções mensuráveis advindas de efeitos quânticos ou da relatividade geral. A lei tem recebido atenção de poetas e filósofos e tem sido chamada de a maior aquisição científica do século XIX. Engels não gostava dela, pois a lei se opunha ao materialismo dialético, ao passo que o papa Pio XII a tinha como prova da existência de um ser superior.*
Ivan P. Bazarov
(1964, em *Thermodynamics*)

Deve-se chamá-la de entropia por duas razões. Em primeiro lugar, sua função de incerteza tem sido utilizada na Mecânica Estatística sob tal designação, e, assim, essa função já tem um nome. Em segundo lugar, e mais importante, ninguém realmente sabe o que entropia realmente é, e, assim, em um debate, você sempre terá a vantagem.
John von Neumann, sugerindo a Claude Shannon um nome para a função de incerteza desenvolvida por este (1971, *Scientific American*, 225(3), p.180)

Software *é como entropia. Difícil de compreender, não pesa nada e obedece à Segunda Lei da Termodinâmica, i.e., sempre aumenta.*
Norman Ralph Augustine (sem data)

Nesta casa, nós obedecemos as leis da Termodinâmica!
Dan Castellaneta (em *Os Simpsons*)[1]

É a Segunda Lei da Termodinâmica: cedo ou tarde, tudo vira uma meleca.
Woody Allen
(1992, em *Maridos e mulheres*)

1 A frase é dita por Homer quando Lisa constrói uma máquina de moto perpétuo cuja energia aumenta com o tempo.

2
SISTEMAS, LEIS E POSTULADOS

Definições e conceitos básicos

Para começarmos, temos que apresentar alguns conceitos e definições sem os quais o diálogo se tornaria precário. O primeiro destes é o conceito de "sistema". No fundo, na maioria dos casos, o sistema é algo facilmente identificado. De acordo com Sontag, Borgnakke & Van Wylen, "sistema é uma quantidade de matéria, com massa e identidade fixas, sobre a qual nossa atenção é dirigida".[1] Para ter tais identidade e massa, o sistema pressupõe a existência de limites ou barreiras, e isso o separa do que se denomina, então, de entorno ou meio (externo). Alguns autores também se referem ao entorno como "universo".

Se as barreiras que separam o sistema do entorno não permitem a troca de matéria nem de energia, esse sistema é considerado *isolado*.[2] Caso não haja troca de matéria, mas possa haver troca de energia nas

1 Sontag, Borgnakke & Van Wylen, *Fundamentos da Termodinâmica*, p.13.

2 De fato, não há sistema que possa ser considerado verdadeiramente *isolado*. Afinal de contas, sempre haverá, ao menos, troca de energia com o entorno. Assim, o que se considera como isolado é um sistema cujas taxas de troca com o entorno ocorram a velocidades muito mais baixas que aquelas com que se dão os fenômenos de interesse. Em termos mais técnicos, o tempo de

barreiras, o sistema é considerado *fechado*. Um sistema cujas fronteiras têm trocas de energia e matéria é um sistema *aberto*, ou, como também se costuma chamar, um "volume de controle".

Se a barreira permite troca de energia na forma de calor, o processo de mudança é chamado *diatérmico*. Caso o processo de mudança se dê sem que haja troca de energia na forma de calor pelas barreiras, o processo é dito *adiabático*.

O prefixo "iso" diz respeito a igualdade. Mudanças que ocorrem com certa variável tendo valor fixo ao longo do processo recebem a designação referente à variável fixa. Se a temperatura não muda, o processo é *isotérmico*; se o volume é fixo, o processo é *isocórico*; e se a pressão não varia, a mudança é *isobárica*.

Devido à importância que tem a temperatura nas transferências de energia e, concomitantemente, à possibilidade de trocas por calor, as mudanças que mais focamos são os processos adiabáticos e os isotérmicos. Note que adiabático *não é* o processo inverso de isotérmico, mas as coisas funcionam *quase* como se fossem. Por quê? Porque, numa mudança adiabática, não há trocas por calor, mas há variação de temperatura, ao passo que, numa mudança isotérmica, não há variação de temperatura, mas há trocas por calor. Dessa forma, esses dois processos, adiabáticos e isotérmicos, funcionam como um par conjugado termodinâmico.

Assim, em decorrência do papel central que têm essas mudanças, utilizaremos os subscritos α *e* θ *para indicar processos adiabáticos e processos isotérmicos, respectivamente.*

Um sistema tem variáveis, isto é, grandezas cujos valores podem ou não se alterar ao longo de um processo. Acabamos de citar temperatura, volume e pressão. As variáveis que se relacionam à quantidade de matéria do sistema são chamadas *extensivas*. Assim, volume e número de moles são exemplos de variáveis extensivas. Por outro lado, variáveis cujos valores permanecem inalterados diante de mudanças na quantidade de matéria do sistema são variáveis

relaxamento dos fenômenos de interesse é bem inferior ao tempo de relaxamento das trocas com o entorno.

intensivas, como pressão, concentração e temperatura. Apenas para reforçar o entendimento: se temos uma solução de NaCl a 0,5 molar a 20 °C e tiramos metade do volume da solução, a temperatura e a concentração continuam nos valores de 20 °C e 0,5 M, respectivamente, enquanto o volume total cai para a metade.

As leis ou os postulados

Existem quatro leis na Termodinâmica, sendo que as duas mais famosas são a Primeira e a Segunda. Essas duas primeiras leis são escritas da seguinte forma:

Primeira Lei: → $dU = \delta q + \delta w$

Segunda Lei: → $T \cdot dS \geq \delta q_r$

Sendo que U se refere à energia interna do sistema, q é calor, w é trabalho, T é temperatura, S é entropia. Os "d" e "δ" se referem a mudanças muito pequenas, chamadas de infinitesimais (a diferença entre estes será abordada na próxima seção).

O subscrito "r" indica se tratar de um processo reversível (o qual ainda não discutimos). Adotaremos uma simplificação de notação: *a ausência do subscrito r indica que o processo em questão deve ser tomado como irreversível.* Dessa maneira, por exemplo, $\delta w_{\alpha,r}$ indica o trabalho infinitesimal num processo adiabático reversível, enquanto δq_θ indica o calor infinitesimal num processo isotérmico não reversível.

A Primeira Lei diz respeito à conservação de energia. Para que se possa perceber por que a energia é conservada, é preciso fazer uma leitura em mão dupla, ou seja, devemos aplicar a Primeira Lei tanto para o sistema quanto para o entorno, simultaneamente. É somente então que se perceberá o que se quer dizer com "conservação de energia", pois o tanto que sai de um lado é exatamente o tanto que entra do outro.

Já a Segunda Lei diz respeito à espontaneidade ("sentido") de um processo. Essa lei é escrita na forma de uma desigualdade limitada, e, de fato, somente nos casos nos quais a desigualdade se aplica é que há uma imposição de sentido. No caso do limite com igualdade, não se pode, em tese, especificar a espontaneidade do processo (discutiremos isso melhor quando falarmos sobre reversibilidade e sobre entropia, em capítulos posteriores). Note que, como a temperatura do sistema (e do entorno, portanto) faz parte da Segunda Lei, isso resulta que a entropia é uma propriedade que não é conservada: se uma dada quantidade de calor cruza a fronteira deixando um local com temperatura alta e atinge um local que tem uma temperatura mais baixa, a variação de entropia é diferente nos dois lados da fronteira (o local com temperatura mais baixa tem um aumento maior de entropia do que a diminuição ocorrida no local de temperatura mais alta).

Há abordagens de conjuntos de *Postulados* que são utilizadas para formar a base teórica sobre a qual se desenvolve o restante da Termodinâmica. Tal conjunto não é único, ou seja, diferentes bases resultam no mesmo arcabouço teórico necessário para o desenvolvimento posterior. A título de exemplo, iremos apresentar quatro postulados encontrados em Modell & Reid,[3] numa tradução livre nossa:

- **I.** Para sistemas fechados simples com restrições internas dadas, existem estados de equilíbrio que podem ser caracterizados completamente por duas propriedades variáveis independentes em adição às massas das espécies químicas em questão.
- **II.** Em processos nos quais não há nenhum efeito líquido no entorno, todos os sistemas (simples e compostos) com dadas restrições internas irão mudar de modo a se aproximar de um, e único, estado de equilíbrio estável para cada um dos subsistemas simples que o compõem. Na condição-limite, o sistema como um todo é considerado em equilíbrio.

3 Modell & Reid, *Thermodynamics and its applications.*

III. Para quaisquer estados (1) e (2) nos quais um sistema fechado esteja em equilíbrio, a mudança de estado representada por (1) → (2) e/ou a mudança reversa (2) → (1) pode ocorrer por ao menos um processo adiabático, e a interação por trabalho adiabático entre esse sistema e o entorno é determinada unicamente por se especificarem os estados finais (1) e (2).

IV. Se o conjunto de sistemas A, B e A, C, cada um, não tem interações por calor quando conectados por uma fronteira não adiabática, então também não haverá interações por calor se os sistemas B e C forem conectados.

Existem algumas definições, as quais não apresentamos, necessárias para a compreensão do que esses postulados dizem. Por exemplo, o que é um sistema simples ou uma interação adiabática. Como não é nosso objetivo um estudo da Termodinâmica via postulados, não iremos nos preocupar com isso agora. O que interessa, de fato, é perceber que com esses postulados deve ser possível se percorrer toda a Termodinâmica da mesma maneira que se faria com outro conjunto de axiomas pertinentes.

Talvez o leitor esteja se perguntado por que leis *ou* postulados, já que as leis, com sua formulação matemática, parecem tão mais "sólidas". Enfatizamos, aqui, a transição entre leis e postulados por um motivo que queremos manter sempre em mente: as "leis" termodinâmicas são oriundas de observações experimentais. O fato de haver ou não uma formulação matemática para as leis não pode ser confundido com as observações como tais.

É claro que, uma vez tendo-se tais leis observadas de modo sistemático *sem casos que as refutem*, ficamos tentados a tratá-las como primeiros princípios. Dessa óptica, as leis tornam-se axiomas, ou seja, premissas tomadas como verdadeiras e sem que seja necessária sua demonstração. Note que *demonstração não é um conjunto de observações* – segundo o dicionário Aurélio, demonstração é, na sua acepção dentro da Lógica, uma "dedução que prova a verdade de sua conclusão por se apoiar em premissas admitidas como verdadeiras". Ou seja, as leis são as *premissas admitidas como verdadeiras*. Logo, as leis da Termodinâmica nada mais são do que postulados, os quais são definidos como: "proposição não evidente nem demonstrável, que se admite como princípio de um sistema dedutível, de uma operação lógica ou de um sistema de normas práticas" (Aurélio Eletrônico XXI).

Resumidamente, as leis e os postulados pertencem ao mesmo nível de formulação: todos repousam sobre constatações empíricas, e não sobre primeiros princípios demonstrados (ou demonstráveis).

A Terceira Lei diz respeito à impossibilidade de se atingir o zero absoluto de temperatura, situação teórica idealizada na qual todo o movimento cessaria, por meio de um número finito de passos; e a Quarta Lei (a Lei Zero, de fato) se refere ao conceito de equilíbrio térmico. Encorajamos o leitor a examinar essas leis em vários livros de referência, como Dugdale,[4] Atkins,[5] Sontag, Borgnakke & Van Wylen,[6] Baierlein,[7] Fenn,[8] Modell & Reid;[9] e, também, examinar as formulações das Primeira e Segunda Leis para ciclos – tais formulações trazem uma nova óptica sobre os problemas. Apresentaremos no capítulo 6 uma formulação alternativa para a Primeira Lei. Além disso, no mesmo capítulo, iremos utilizar o ciclo de Carnot para demonstrar a realidade física da entropia.

O gás ideal

Terminamos este capítulo falando sobre um conceito abstrato que é extremamente útil na Termodinâmica, o de *gás ideal*. Como o leitor pode prever, tal gás não é um gás real, e, sim, uma idealização de como estes se comportam. As três mais relevantes características do gás ideal são: (1) suas partículas constituintes não mantêm

---

4 Dugdale, *Entropy and its physical meaning*.
5 Atkins, *Physical Chemistry*.
6 Sontag, Borgnakke & Van Wylen, *Fundamentos da Termodinâmica*.
7 Baierlein, *Thermal Physics*.
8 Fenn, *Engines, energy, and entropy*.
9 Modell & Reid, *Thermodynamics and its applications*.

qualquer tipo de interação, tanto entre elas quanto com as barreiras do sistema, a não ser choques perfeitamente elásticos; (2) suas partículas constituintes não guardam correlações, ou seja, a velocidade e a posição de uma partícula independem da velocidade e da posição das demais; e (3) as partículas constituintes não têm volume, ou seja, elas podem ser representadas por pontos materiais. Assim, um gás ideal mantém as mesmas propriedades independentemente da pressão, volume e temperatura do sistema. Gases reais não são ideais. Suas partículas têm volume, e, dependendo das condições, há interações diferentes de choques elásticos. Contudo, para uma grande parte de gases "comuns" e nas pressões reinantes na imensa maioria dos casos "biológicos", o comportamento do gás real é extremamente próximo do comportamento do gás ideal. Além disso, a formulação do gás ideal se estende ao estudo de soluções em baixa concentração, o que se torna ainda mais relevante no contexto biológico. Assim, iremos citar e utilizar ao longo do texto a equação de estado do gás ideal:

$$p \cdot V = n \cdot R \cdot T$$

na qual p é a pressão, V é o volume, n é o número de moles, R é a constante dos gases e T é a temperatura. Por que se chama tal equação de equação de estado? Em primeiro lugar, porque ela descreve as relações entre pressão, volume e temperatura *para um dado estado da matéria em estudo*. Em segundo lugar, porque, se o leitor equacionar as unidades, notará que ambos os lados têm unidades de energia, a qual é uma função de estado (como veremos mais adiante).

3
Conceitos básicos

Reversibilidade

A ideia

Reversibilidade é um conceito fundamental na Termodinâmica. Para se proceder a uma mudança reversível, as interações entre o sistema e o entorno devem ocorrer de maneira muito, muito lenta. Por isso, entenda-se que *tanto o sistema quanto o entorno devem permanecer num equilíbrio interno durante o processo*, ou seja, não devem ser formados gradientes (não homogeneidades) no espaço. Com isso, *toda a variação deve ser de natureza infinitesimal (ou seja, não mensurável)*. O leitor deve ficar um tanto perplexo por tal definição (ou imposição), uma vez que esta implica que toda mudança reversível deve ser feita de maneira a não ocorrerem mudanças. Tanto assim o é, que o próprio Max Planck sente que algo a mais tem que ser dito quanto à reversibilidade (tradução livre nossa): "Falando de maneira estrita, essa palavra [reversibilidade] é vaga, uma vez que um processo pressupõe mudanças e, portanto, distúrbios no equilíbrio".[1]

---

1 Planck, *Treatise on Thermodynamics*, p.52.

Vamos a um exemplo simplificado de como deveria ocorrer um processo reversível. Considere um sistema composto por um pistão com gás, e tal sistema eleva uma certa massa contra um campo gravitacional (veja a Figura 3.1).

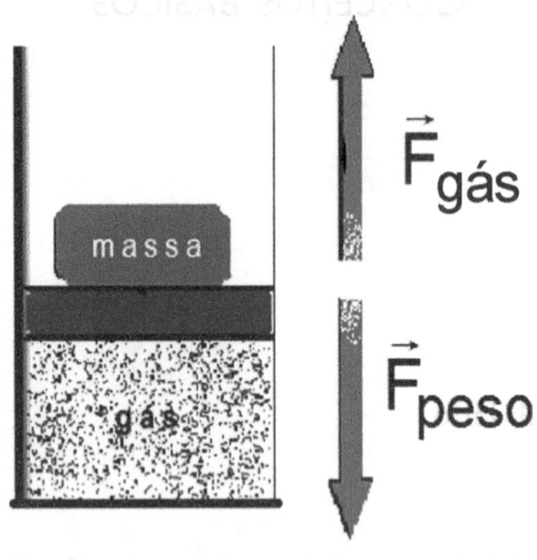

Figura 3.1. Um pistão que sustenta uma massa contra um campo gravitacional e eleva tal massa de maneira reversível. A cada instante do processo, a força do gás deve ser idêntica à força peso, mantendo uma homogeneidade tanto no sistema quanto no entorno (ver texto para detalhes).

A cada estágio da expansão do sistema (i.e., o cilindro com o êmbolo), a pressão (e a temperatura) dentro do cilindro precisa ser homogênea ao longo de todo o volume do sistema, e o mesmo vale para o entorno. Isso equivale a dizer que o sistema permanece todo o tempo em equilíbrio térmico e mecânico com o entorno. Assim, como veremos mais adiante, para se obter tal processo, as mudanças têm que ocorrer em passos infinitesimalmente pequenos (portanto, passos não mensuráveis). Essas mudanças infinitesimais são denotadas por "d" ou por "δ".

Uma outra maneira de se referir à reversibilidade é por "mudança quase estática", por motivos que se tornam evidentes pelo que apresentamos até aqui. Daí a afirmação "surpresa" feita por Planck, citada anteriormente: as mudanças precisam se dar sem que ocorram mudanças detectáveis.

Vamos tentar clarificar um pouco a ideia. Voltemos ao pistão do exemplo anterior e suponha que, em vez de uma mudança infinitesimal "d", se faça uma mudança mensurável "Δ" em uma variável, por exemplo, na pressão. Uma vez colocado em movimento o êmbolo, o sistema segue uma certa trajetória nas suas variáveis devido ao Δp imposto. Se, durante o processo, resolvemos fazer uma mudança infinitesimal dp (tanto faz se no sistema ou no entorno), não conseguimos alterar o movimento do pistão e, consequentemente, não se altera a trajetória de mudança na qual o sistema se encontra: a variação mensurável Δp é sempre infinitamente maior que a variação dp. Logo, a evolução do sistema não se altera, e ocorre de maneira não homogênea no volume do gás (o leitor consegue perceber por que a não homogeneidade fica implícita?).[2]

Assim, a ideia crucial da reversibilidade é sermos aptos a reverter qualquer mudança por meio de uma variação infinitesimalmente pequena, tanto no sistema quanto no entorno.

Por que reversibilidade é fundamental?

Reversibilidade é uma abstração de o que poderia ser obtido *se* um processo pudesse ser feito por meio de mudanças não mensuráveis. Reversibilidade exclui dissipação de energia: se o processo é revertido, então as condições originais do sistema *e* do entorno são inteiramente restauradas. Assim, reversibilidade verdadeira não existe. No entanto, ela é uma concepção importante para se entender e analisar fenômenos reais, e nisso reside a relevância do conceito: tem-se um fio-guia para indicar o caminho que se está percorrendo, por exemplo, a noção de trabalho máximo (a qual discutiremos a seguir).

---

2 Como o êmbolo, agora, se desloca com uma certa velocidade, então, internamente ao sistema, a região próxima ao êmbolo sofre uma queda de pressão em relação às regiões mais afastadas (o oposto vale para o entorno).

O trabalho máximo

Por que se diz que o trabalho máximo é obtido quando se procede a uma mudança de maneira reversível? Essa questão deve surgir na mente de muitos leitores. À primeira vista, não é óbvia a relação entre a reversibilidade e o trabalho máximo a ser obtido em um processo. Em vez de tentarmos tratar disso diretamente por meio de relações termodinâmicas, vamos tomar uma rota alternativa.

Imagine uma carga sobre uma mola, como ilustrado na Figura 3.2 (painel (a)). A carga equivale a uma massa de 2m e o sistema se encontra em equilíbrio mecânico no campo gravitacional. Sem perda de generalidade para a nossa análise, consideraremos que a mola tem uma constante fixa e independente do tamanho da mola, e que não há variações de temperatura envolvidas nos processos.

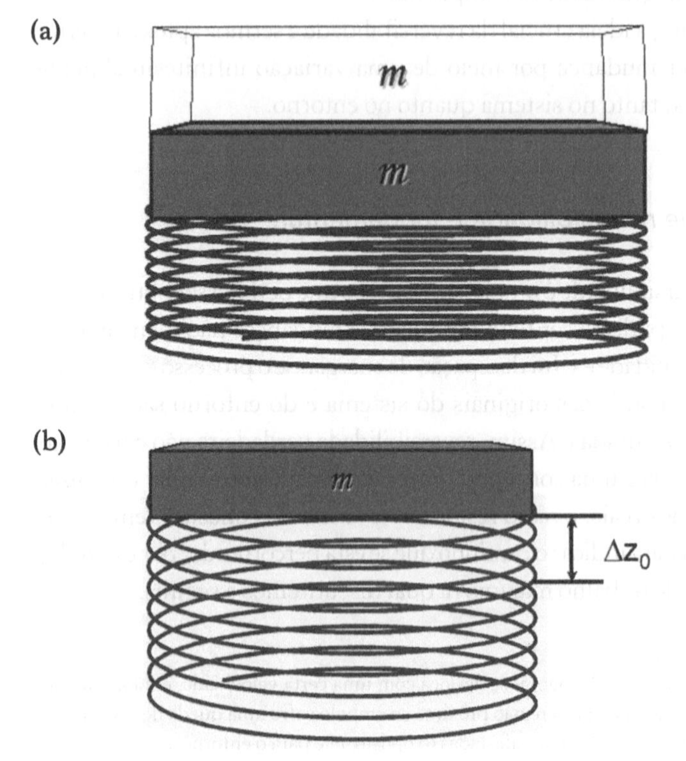

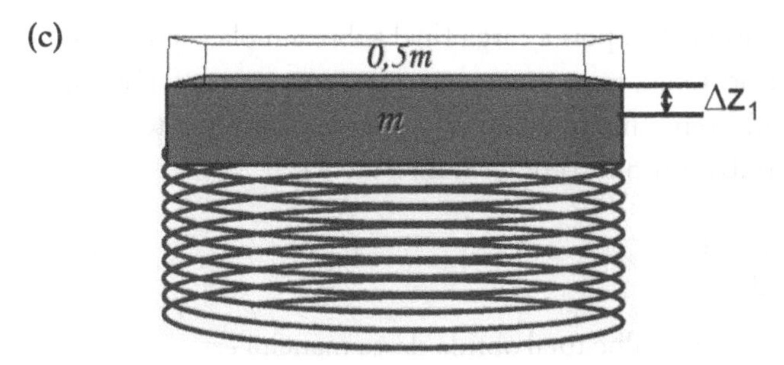

Figura 3.2. Massa sendo sustentada por uma mola contra um campo gravitacional. A condição inicial é representada no painel (a), sendo a carga total composta por 2m. Em (b), ilustra-se a retirada de massa no valor m, de uma só vez, com uma elevação de Δz_0 no campo. Em (c), retira-se, inicialmente, massa no valor de ½ m, obtendo-se uma elevação de Δz_1 no campo; posteriormente, com a retirada do ½ m restante, a mesma altura Δz_0, representada em (b), será obtida. Ver texto para discussão mais detalhada.

Retiramos, então, uma massa de valor m do total da carga, e, com isso, a mola eleva a carga restante de massa m até uma certa altura Δz_0, na qual o sistema volta a estar em equilíbrio mecânico[3] (veja a Figura 3.2, painel (b)). Assim, o trabalho realizado contra o campo gravitacional é:

$$W_0 = \int força_{grav} \cdot dh = m \cdot \vec{g} \cdot \Delta z_0 \qquad (3.1.1)$$

Sendo $\vec{g}$ a aceleração gravitacional. Agora, em vez de retirarmos a massa m de uma só vez, vamos dividir a retirada em duas etapas. Na primeira, retiramos m/2, esperamos o novo equilíbrio mecânico e retiramos o restante m/2, de modo que o total retirado seja o mesmo. Note que, após retirarmos o m/2 inicial, levamos o sistema até uma certa altura Δz_1, na qual o m/2 restante será retirado (Figura 3.2, painel (c)). A carga sobe, então, mais, e o sistema irá

3 O que é interessante notar é que esse equilíbrio somente pode ocorrer se houver dissipação de energia.

atingir o mesmo Δz_0, pois a carga final sobre a mola é a mesma do caso anterior. Logo, para a massa m que permanece o tempo todo sobre a mola, o mesmo trabalho W_0 é obtido. Contudo, temos, em adição, o trabalho obtido por levar m/2 até Δz_1:

$$W_1 = \frac{m \cdot \vec{g} \cdot \Delta z_1}{2} \tag{3.1.2}$$

Portanto, o trabalho total obtido dessa maneira é:

$$W_{total} = W_o + W_1 > W_o \tag{3.1.3}$$

Ou seja, obtivemos uma quantidade maior de trabalho que no primeiro método. Vamos, agora, dividir a carga a ser retirada em quatro porções, cada uma com m/4 de massa. Após retiramos o primeiro m/4, a carga é levada até um certo Δz_2, de onde outra porção de massa m/4 é retirada. Então, como se retirou m/2 até o momento, o sistema atingiu Δz_1. Lá, m/4 é retirado e o sistema sobe mais um tanto, indo até $\Delta z_1+\Delta z_2$ (esse valor de altura decorre da linearidade e da constância que impusemos para a mola), de onde o m/4 restante é retirado e a carga m chega, então, até Δz_0. Vamos calcular o trabalho total obtido:

$$W_{total} = W_o + \frac{m \cdot \vec{g} \cdot \Delta z_2}{4} + \frac{m \cdot \vec{g} \cdot \Delta z_1}{4} + \frac{m \cdot \vec{g} \cdot (\Delta z_1 + \Delta z_2)}{4} \tag{3.1.4}$$

Abrindo-se o termo entre parênteses, notamos que:

$$W_1 = \frac{m \cdot \vec{g} \cdot \Delta z_1}{2} = \frac{m \cdot \vec{g} \cdot \Delta z_1}{4} + \frac{m \cdot \vec{g} \cdot \Delta z_1}{4} \tag{3.1.5}$$

e

$$W_2 = \frac{m \cdot \vec{g} \cdot \Delta z_2}{4} + \frac{m \cdot \vec{g} \cdot \Delta z_2}{4} = \frac{m \cdot \vec{g} \cdot \Delta z_2}{2} \tag{3.1.6}$$

Logo, há uma quantidade a mais de trabalho obtida com esse método em relação ao anterior:

$$W_{total} = W_0 + W_1 + W_2 > W_0 + W_1 > W_0 \qquad (3.1.7)$$

É importante notar, ainda, que $\Delta z_0 > \Delta z_1 > \Delta z_2$, ou seja, as variações de altura obtidas a cada divisão maior da massa a ser retirada são respectivamente menores. Contudo, o leitor já pôde notar o que ocorre. Cada vez que se divide mais a massa a ser retirada, o trabalho total obtido aumenta. Logo, *o caso no qual se pode obter o máximo trabalho é aquele no qual se dividiu a massa a ser retirada em infinitas porções de valor infinitesimalmente pequeno cada uma delas, ou seja, "dm".*

Ilustramos, assim, o porquê de o trabalho máximo se dar por meio de mudanças reversíveis, ou seja, mudanças feitas por variações infinitesimais (não mensuráveis). Com isso, encerramos esta seção e esperamos ter deixado clara a relevância do conceito de reversibilidade.

Os diferenciais d e δ

Uma vez abordado o conceito de reversibilidade, vamos explorar um domínio um pouco mais complicado da Termodinâmica, no qual as formulações matemáticas se fundem aos procedimentos experimentais e observações para dar interpretações e predições a respeito do mundo empírico. Aqui, vamos procurar tornar clara a diferença entre o uso dos símbolos "d" e "δ".

A ideia

Imagine que certa função B seja a nossa função de interesse. Contudo, não nos é dada B, mas, sim, b, sendo que a função b pequena indica como a função B grande varia. Ou seja, para se ir de um valor em B a outro, a variação ao longo da mudança é descrita por b. A função b pequena tem, ainda, outra particularidade: qualquer um pode "colocar suas mãos" sobre b e fazê-la ter a "cara" que bem se desejar. O problema é, portanto, como fazer para saber o valor final que B atinge (o valor inicial de B é dado, para simplificar). A resposta é óbvia: temos que ser informados a respeito dos valores de b ao longo de toda a mudança. Não há outra maneira, pois b pequena é imposta de maneira arbitrária, e, assim, existe uma arbitrariedade, *desconhecida de antemão*, em como B é levada a variar.

Considere, agora, o caso no qual queremos saber, de antemão, a variação que B grande irá sofrer. Para ter tal conhecimento, devemos impedir que "qualquer um coloque suas mãos" sobre b pequena. Ou seja, temos que *prescrever* o modo como B grande irá variar, e isso é feito, portanto, por meio de uma função não arbitrária (i.e., uma função à qual outros não têm livre acesso para mudar como quiserem), que chamaremos de β (pedimos desculpas ao leitor pela profusão de "letras").

O que acabamos de fazer é transformar nossa falta de conhecimento prévio de como B varia em uma mudança previsível, uma exatidão de variação. Ao passo que, sob o comando de b, a variação total de B somente pode ser obtida se seguirmos o percurso completo determinado pela arbitrariedade de b, sob a ação da função β prescrita, a variação total de B pode ser determinada sem o conhecimento do percurso passo a passo (tal percurso já está predefinido, de fato).

Estes são os significados de "d" e "δ". O primeiro se refere a modos prescritos de se fazer mudanças enquanto o segundo se refere a modos arbitrários para se proceder a variações em uma certa função.

Os sentidos de exato e inexato, funções de estado e de percurso

Como acabamos de ver, "d" é utilizado para indicar que a função sofrendo mudanças terá um resultado que pode ser antecipado. Dessa maneira, uma função que tem tal característica é chamada de *diferencial exato*. Por outro lado, "δ" é utilizado para indicar que a função sob análise sofre mudanças arbitrárias e que sua variação total não pode ser antecipada. Teremos que possuir o conhecimento do percurso todo da mudança para estabelecer a variação final. Uma função que tem tal característica é, então, chamada de *diferencial inexato.*

Funções clássicas que são diferenciais exatos são aquelas relacionadas à variação de energia, volume, pressão, temperatura. Nessas funções, a variação total é dada, simplesmente, pela diferença entre os valores final e inicial. Por exemplo, a variação de volume é $\Delta V = V_2 - V_1$. Não interessa o que ocorreu "no meio do caminho", a variação de volume continua sendo dada pela diferença entre os valores final e inicial. O mesmo tipo de raciocínio se aplica às outras variáveis citadas há pouco.

Devido a essa variação estabelecida de antemão, dada, simplesmente, pela diferença entre as condições final e inicial, as funções que se comportam dessa maneira são chamadas de *funções de estado. Portanto, funções de estado são diferenciais exatos,* e não é preciso que nos informem como as variações foram feitas para sabermos quanto elas variaram:

"$\Delta B = B_2 - B_1$" é a regra geral para funções de estado.

Já as funções cujo valor final não pode ser conhecido sem que se saiba todo o percurso seguido ao longo das variações (arbitrárias) às quais estão sujeitas não podem ser funções de estado. Tais funções são conhecidas como *funções de percurso (ou caminho)*, por motivos óbvios. Funções de percurso são diferenciais inexatos, e *temos que ser informados* como as mudanças arbitrárias foram impostas ao longo da mudança. Os exemplos clássicos de diferenciais inexatos são *calor* e *trabalho.*

A seguir, vamos procurar explorar um pouco o sentido físico desses diferenciais.

Aplicação do conceito

Vamos considerar *trabalho.* Como fizemos na seção anterior, equação 3.1.1, na definição mais primária de trabalho, este é o resultado do deslocamento, em linha reta, de uma dada carga num dado campo de força.[4] Por exemplo, a mudança de altura de uma dada massa no campo gravitacional, ou o deslocamento da extremidade livre de uma mola. No primeiro caso, se a mudança de altura for suficientemente pequena, o campo gravitacional resulta em uma força fixa $m \cdot \vec{g}$ ao longo da altura Δz, e, assim, o trabalho total se reduz ao produto $m \cdot \vec{g} \cdot \Delta z$. Na verdade, executamos os passos descritos a seguir.

Determinamos que a variação infinitesimal de trabalho, δw, é dada pelo produto da força pela variação infinitesimal de altura, dz:

$$\delta w = m \cdot \vec{g}(z) \cdot dz \qquad (3.2.1)$$

Assim, o trabalho obtido entre as alturas 1 e 2 é o resultado da integral da função em 3.2.1 (ou, em um modo simplificado, a soma de todas as infinitesimais variações ao longo da altura):

$$W = \int_1^2 m \cdot \vec{g}(z) \cdot dz \qquad (3.2.2)$$

Como consideramos que a função $\vec{g}$ (z) é uma constante de valor $\vec{g}$, obtemos o resultado que descrevemos anteriormente:[5]

$$W = m \cdot \vec{g} \cdot \int_1^2 dz = m \cdot \vec{g} \cdot (z_2 - z_1) = m \cdot \vec{g} \cdot \Delta z \qquad (3.2.3)$$

Repare que estamos utilizando a letra W maiúscula para indicar a variação total de trabalho obtida (utilizaremos Q maiúscula para o caso do calor – ver "Lista de símbolos" no caso de dúvidas). O importante ponto a se notar aqui é que o percurso da variação se tornou implícito ao impormos uma relação conhecida de antemão entre $\vec{g}$ e z.

---

4 Ver, por exemplo, Lindblad, *Non-equilibrium entropy and irreversibility*.

5 Note que consideramos, também, que a massa é uma constante independente da altura no campo e da aceleração sofrida.

Consideremos, agora, o caso de uma mola. Se a força exercida $\vec{F}$ é uma função do deslocamento x, i.e., $\vec{F} = \vec{F}(x)$, o trabalho obtido é completamente determinado sem necessidade de qualquer outra informação adicional. Por exemplo, se a mola obedece à Lei de Hooke, então a força é linearmente proporcional ao deslocamento, $\vec{F}(x) = k \cdot x$, sendo k a chamada constante da mola, e temos:

$$W = \int_1^2 k \cdot x \cdot dx = \frac{k}{2}\left(x_2^2 - x_1^2\right) \qquad (3.2.4)$$

Mais uma vez, a trajetória da função trabalho está completamente predeterminada pela relação entre força e deslocamento.

Deixemos, então, que a relação entre a força e o deslocamento não seja conhecida de antemão, ou seja, não se tem como saber o valor de $\vec{F}(x)$ para os valores de x por meio de uma função dada. O trabalho total continua sendo:

$$W = \int_1^2 \vec{F}(x) \cdot dx \qquad (3.2.5)$$

Contudo, agora não há maneira prescrita para se computar W a não ser que calculemos (ou meçamos) os valores de $\vec{F}(x)$ ao longo de todos os valores de x (ver a Figura 3.3).

Portanto, a questão é se *trabalho* é um diferencial exato ou não. A resposta geral é *não*. O trabalho é um diferencial inexato. Então, qual é a diferença entre as equações 3.2.3 ou 3.2.4 e a equação 3.2.5? Ou como podemos transformar um diferencial inexato em um diferencial exato?

A resposta já está, de fato, dada: é suficiente especificar (completamente) como a função "força" varia ao longo da função "deslocamento". Note que deixamos as aspas de modo a ressaltar que essas funções são gerais, isto é, força e deslocamento são medidas físicas de um caso particular.

Contudo, se o leitor notar, essa resposta já estava presente na própria definição que demos: uma função de trajeto (diferencial inexato) é aquela que sofre variações arbitrárias ao longo da mudança.

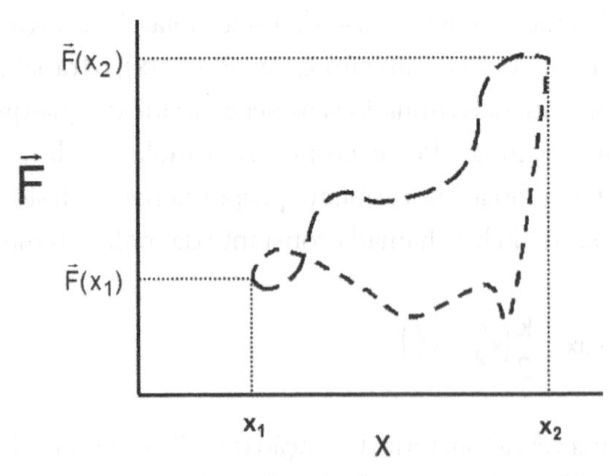

Figura 3.3. Representação gráfica de dois percursos arbitrários entre uma função hipotética de força ($\vec{F}$) em relação à distância (x). O trabalho (W) é sempre dado pela área sob a função (i.e., a integral mostrada na equação 3.2.5). É interessante que o leitor note que ambas as funções ilustradas na figura começam e terminam em respectivos pontos iguais, contudo, as integrais são bastante diferentes. Sem que se especifique, completamente, o percurso de cada uma das funções, não é possível computar-se o trabalho necessário para deslocar uma massa de x_1 até x_2, por exemplo.

Assim, se tornarmos tais variações arbitrárias em não arbitrárias, tornamos o caso inexato em exato.

Matematicamente, isso corresponde a estabelecer uma relação que mapeie as funções entre si (no caso do trabalho descrito acima, temos $\vec{F}$ e x). Se encontramos um meio de realizar tal operação, o diferencial inexato se transforma em exato e a "regra $\Delta B = B_2 - B_1$" é aplicável. O fator que eventualmente consegue fazer tal mapeamento recebe o nome de *fator integrante* (pois, então, se torna possível integrar a função).

Sabemos, agora, como transformar um diferencial inexato em um exato. Basta encontrarmos uma maneira de especificar uma prescrição de como as mudanças serão feitas no sentido de obtermos funções de uma variável independente. Vamos retornar ao caso da Primeira Lei.

Condições para que trabalho ou calor sejam diferenciais exatos

Considere qualquer mudança arbitrária num dado sistema. A diferença na energia interna é sempre a diferença entre os valores inicial e final, pois a energia interna é uma função de estado. Entretanto, quanto de trabalho e quanto de calor estão envolvidos no processo de mudança, nós não sabemos. Estes são diferenciais inexatos, e o percurso precisa nos ser especificado. Contudo, podemos tentar transformá-los em diferenciais exatos especificando, de antemão, como as mudanças devem ser feitas. Ou seja, estabelecendo uma regra não arbitrária para o processo (lembre-se, não arbitrário, neste contexto, significa ter uma regra definida que mapeie as funções).

Dessa maneira, aqui vai um resultado que usaremos muitas e muitas vezes. A partir da definição de trabalho; e como, de maneira simplificada, (a) pressão é força dividida por área e (b) volume é área vezes uma dimensão linear, podemos escrever, sem nos preocuparmos em detalhes específicos da geometria de um sistema:

$$\delta w = \vec{F} \cdot dx = \frac{\vec{F}}{\text{área}} \cdot \text{área} \cdot dx = p \cdot dV \qquad (3.2.6)$$

Vamos considerar, inicialmente, uma mudança reversível feita com o sistema imerso em um isolante térmico. Portanto, no período de tempo do experimento, podemos considerar que não há troca de energia por *calor*[6] entre o sistema e o entorno (ainda não sabemos o que é *calor* – no momento, basta dizer que $\delta q = 0$ no processo que estamos analisando). Esse processo é conhecido como *mudança adiabática reversível*, matematicamente:

$$dU = \delta\, w_{\alpha,r} \qquad (3.2.7)$$

6 O leitor notou que colocamos "por calor" e não "de calor"? Tal nuance ficará clara mais adiante.

Sob tal mudança adiabática, devido à ausência de interações por calor, a pressão dentro do sistema se torna uma função conhecida do volume (por evidências empíricas nesse sentido). Em outras palavras, em vez de "p", temos "p(V)". As duas funções relacionadas ao trabalho na equação 3.2.6 estão, agora, mapeadas uma na outra. Isto é o mesmo que dizer que encontramos as condições para migrar de um diferencial inexato para um exato. Uma vez que o volume é uma função de estado ($\Delta V = V_2 - V_1$), o termo $p(V)^{-1}$ representa o fator integrante, na linguagem matemática. Ou seja, a partir de 3.2.6,

$$\int_1^2 \frac{\delta w_{\alpha,r}}{p(V)} = \int_1^2 \frac{p \cdot dV}{p(V)} = \int_1^2 dV = V_2 - V_1 = \Delta V$$

o que significa que a integral do trabalho resultou numa função de estado. Isto é, dadas as condições supraprescritas, o trabalho adiabático é um diferencial exato, *pois toda variação de energia interna (que é uma função de estado) é dada pela variação de trabalho,* e:

$$W_{\alpha,r} = \int_1^2 p(V) \cdot dV \qquad (3.2.8)$$

Consideremos, agora, que foi especificada uma mudança de modo que não exista trabalho externo (i.e., o sistema nem expande nem contrai), mas interações térmicas (calor) estejam presentes. Então:

$$dU = \delta q_r \qquad (3.2.9)$$

Agora, da mesma maneira que o volume atuou como a função de estado na equação 3.2.8, podemos esperar haver uma outra função que atue como a função de estado relacionada à mudança representada em 3.2.9. Vamos discutir essa função em outras seções do livro. Apenas para satisfazer a curiosidade momentânea, essa função é a *entropia* e o fator integrante é T^{-1}. Por que T^{-1}? Neste momento, pode parecer que é uma questão puramente matemática termos $\delta q_r/T$ como uma função de estado, mas não é. Existe uma razão física para a função ser esta. Contudo, iremos discutir isso somente no capítulo 6.

Para finalizar a seção, enfatizamos, novamente, que calor e trabalho são, em geral, diferenciais inexatos, mas que podem, sob certas condições prescritas, se tornar exatos devido à equivalência que passam a ter com a função de estado representada pela energia interna.

Calor

Um processo...

Bem, para começar, o ponto é que *calor* tem mais de um significado. No uso comum do dia a dia, calor é entendido como algo "quente" ou alguma coisa sendo aquecida. Esses sentidos não são aquilo que a Termodinâmica entende, atualmente, por calor. Formalmente, *calor se refere a um processo de troca de energia devido à diferença de temperatura*. Portanto, o fato de haver calor envolvido no processo não significa que o sistema esteja esquentando. O aumento de temperatura depende no balanço final de variação de energia: se o processo final tem como resultado um aumento da energia interna do sistema, então um aumento de temperatura ocorre.

Apesar de que agora sabemos que *calor é um processo*, e talvez esperemos saber lidar com "calor" de maneira adequada, a Termodinâmica continua sendo a mesma "coisinha manhosa" de sempre. Por exemplo, considere um processo isotérmico. A temperatura do sistema não varia. Então, devemos concluir que não houve "transações" de calor no processo? Por outro lado, numa expansão adiabática reversível, há queda de temperatura do sistema. Isso significa que houve perda de calor para o entorno?

Se pudéssemos tratar o calor de maneira menos vaga, de modo similar àquele que lidamos com *trabalho*, sem sermos confundidos pelo "processo" ou por "diferenças de temperatura", certamente as coisas ficariam mais claras. Não mais fáceis, mas mais claras.

É interessante notar que a equivalência da transformação de calor em trabalho era conhecida muito antes do contrário, isto é, que trabalho poderia ser similar a calor (e.g., Fenn[7]): as máquinas a vapor, convertendo calor em trabalho mecânico, eram utilizadas muito antes que os cientistas e engenheiros se dessem conta de que trabalho poderia resultar em transações de calor. O experimento ilustrativo típico é o contêiner de gás com uma hélice móvel dentro, inicialmente em equilíbrio térmico com o entorno (Figura 3.4). O mecanismo é conectado, por meio de correntes e polias, a uma massa que cai no campo gravitacional e causa a rotação da hélice. Isso leva a um aumento da energia interna do gás no contêiner e a um aumento de temperatura. Se as paredes do contêiner forem diatérmicas (sempre serão, pois, como já vimos, não existe a condição adiabática perfeita), então será obtida uma transferência de energia pela diferença de temperatura com o entorno, indicando que trabalho foi convertido em calor.

É claro que, atualmente, dada a formulação da Primeira Lei, esse tipo de fenômeno parece óbvio. Mas não é nisso que estamos interessados aqui. O que queremos é rever o conceito de calor sob a óptica de trabalho. Seguiremos o racional apresentado por Atkins.[8]

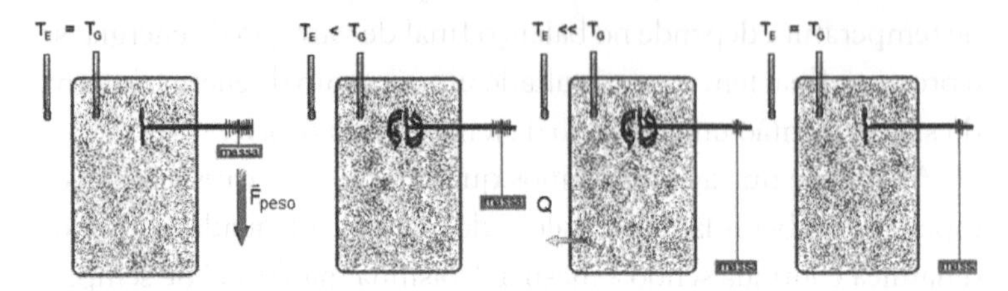

Figura 3.4. Representação esquemática dos eventos de transformação de trabalho (queda da massa no campo gravitacional) em calor. Da esquerda para a direita: gás do contêiner em equilíbrio térmico com o entorno ($T_E = T_G$); a massa cai no campo gravitacional, causando o giro de uma hélice e concomitante aumento da energia interna do gás ($T_E << T_G$); esse aumento de temperatura leva a uma transferência de energia na forma de calor (Q) para o entorno, o que deixa o contêiner e o entorno novamente em equilíbrio térmico.

7 Fenn, *Engines, energy and entropy*.
8 Atkins, *Physical Chemistry*, p.50.

... e sua definição mecânica

Vamos considerar que, sob certas prescrições, a relação entre pressão e volume de um gás considerado ideal é sabida. Ou seja, sabemos escrever p como sendo uma função de V: p = p(V). Por exemplo:

$$p \cdot V^{\gamma} = \text{constante} \qquad (3.3.1)$$

Mais adiante, falaremos, brevemente, sobre essa constante γ que surgiu na equação 3.3.1.

Comece com uma expansão (ou compressão, mas achamos mais fácil contar a história usando a expansão) adiabática, reversível. A equação 3.2.8 apresenta a formulação geral para o trabalho reversível. Como a expansão é adiabática, há uma queda na temperatura do gás, indicando que houve transferência de energia para o entorno, ou seja, o sistema realizou, por meio da expansão, trabalho externo, e, portanto, sua energia interna cai. Dessa forma, o trabalho realizado tem que equivaler a essa mudança de temperatura. Se dividirmos, *abstratamente*, a expansão em duas etapas, uma na qual há expansão sem mudança da temperatura e outra na qual há mudança de temperatura sem alteração do volume (ver Figura 3.5), percebemos que na primeira etapa houve a realização de trabalho (sem mudança na energia interna) e, na segunda, houve mudança na energia interna sem realização de trabalho.

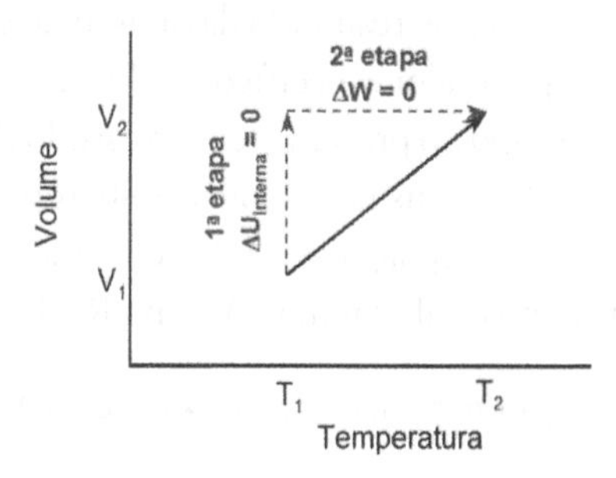

Figura 3.5. Gráfico ilustrativo da sequência de mudanças hipotéticas descritas no texto. Numa primeira etapa, o sistema realiza trabalho sem alteração de temperatura, e, numa segunda, há alteração de temperatura sem realização de trabalho (baseado em Atkins, *Physical Chemistry*, p.63).

Então, podemos escrever:

1ª etapa: $$dU_{externa} = p \cdot dV \qquad (3.3.2a)$$

2ª etapa: $$dU_{interna} = n \cdot c_V \cdot dT \qquad (3.3.2b)$$

e, devido à Primeira Lei, temos o seguinte:

$$dU_{interna} = -dU_{externa} \qquad (3.3.2c)$$

Note que escrevemos p em vez de p(V), por simplicidade de notação. c_v é uma constante chamada de calor específico a volume constante. Note que c_v faz a relação entre a mudança de temperatura (a volume constante, nossa segunda etapa) e a variação de energia interna. Foge ao escopo do presente livro tratar de parâmetros[9] como calor específico. Esse tipo de tratamento pode ser encontrado em vários ótimos livros-texto, e não iremos nos estender aqui. Vale notar, no entanto, que a origem desses parâmetros se encontra na observação empírica dos sistemas, ou seja, sua "existência" é uma constatação experimental. Dessa maneira, temos uma certa ideia de o que é a constante γ que surgiu na equação 3.3.1 γ é, de alguma forma, relacionada à constante dos gases, R, e ao calor específico a volume constante. De fato, a constante γ é chamada de razão de capacidades térmicas, sendo resultado da divisão do calor específico a pressão constante pelo calor específico a volume constante. Como dissemos, foge ao escopo do presente texto o estudo de tais constantes, e, assim, não iremos mais nos alongar neste tópico.

Relacionando-se as equações 3.3.2 e considerando o gás em questão como ideal, no qual se tem $p \cdot V = n \cdot R \cdot T$:

$$dU_{interna} = -dU_{externa} \leftrightarrow n \cdot c_V \cdot dT = -p \cdot dV \leftrightarrow n \cdot c_V \cdot dT = -\frac{n \cdot R \cdot T}{V} \cdot dV$$

9 Neste texto, trataremos por *parâmetros* fatores que podem ser considerados como constantes num dado sistema durante os processos em questão.

Donde, rearranjando os termos:

$$\frac{dT}{T} = -\frac{R}{c_V} \cdot \frac{dV}{V} \qquad (3.3.3a)$$

Integrando-se ambos os lados (note que volume e temperatura são diferenciais exatos), obtemos a relação entre a variação de volume (trabalho realizado) e a variação de temperatura (queda da energia interna do sistema):

$$\int_1^2 \frac{dT}{T} = -\frac{R}{c_V} \cdot \int_1^2 \frac{dV}{V} \leftrightarrow \ln\left(\frac{T_2}{T_1}\right) = -\frac{R}{c_V} \cdot \ln\left(\frac{V_2}{V_1}\right) \leftrightarrow \ln\left(\frac{T_2}{T_1}\right) = \ln\left(\frac{V_2}{V_1}\right)^{-\frac{R}{c_V}}$$

$$T_2 = T_1 \cdot \left(\frac{V_1}{V_2}\right)^{\frac{R}{c_V}} \qquad (3.3.3b)$$

Note que invertemos a razão V_2/V_1 ao retirarmos o negativo do termo R/c_v. Uma vez que o trabalho adiabático reversível realizado equivale à variação de energia interna (lembre-se, estamos no caso adiabático), e como temperatura é função de estado, então podemos integrar 3.3.2b:

$$\int_1^2 dU_{interna} = W_{\alpha,r} = n \cdot c_V \cdot \int_1^2 dT = n \cdot c_V \cdot \Delta T$$

Como ΔT é $T_2 - T_1$, utilizamos a temperatura T_2 vinda de 3.3.3b e obtemos:

$$W_{\alpha,r} = n \cdot c_V \cdot T_1 \cdot \left[\left(\frac{V_1}{V_2}\right)^{\frac{R}{c_V}} - 1\right] \qquad (3.3.4)$$

É fácil ver que, no caso de uma expansão isotérmica, γ (equação 3.3.1) vale 1: como a temperatura é constante e não há uma mudança na quantidade de matéria do sistema (isto é, n é constante), escrevemos

$$p_1 \cdot V_1 = n \cdot R \cdot T = p_2 \cdot V_2$$

Dessa forma, a pressão é escrita como função do volume, p(V) = n · R · T / V, e o que se faz para obter o trabalho isotérmico reversível é integrar essa função. Assim, obtemos o trabalho isotérmico reversível:

$$W_{\theta,r} = n \cdot R \cdot T_1 \cdot \ln\left(\frac{V_1}{V_2}\right) \quad (3.3.5)$$

Note que, se V_2, o volume final, é maior que o volume V_1, inicial, tanto o termo entre colchetes na equação 3.3.4 quanto o logaritmo natural em 3.3.5 são negativos, indicando que foi o sistema que realizou trabalho no entorno. Na Figura 3.6, ilustramos a diferença entre a primeira expansão, adiabática, e a segunda expansão, isotérmica.

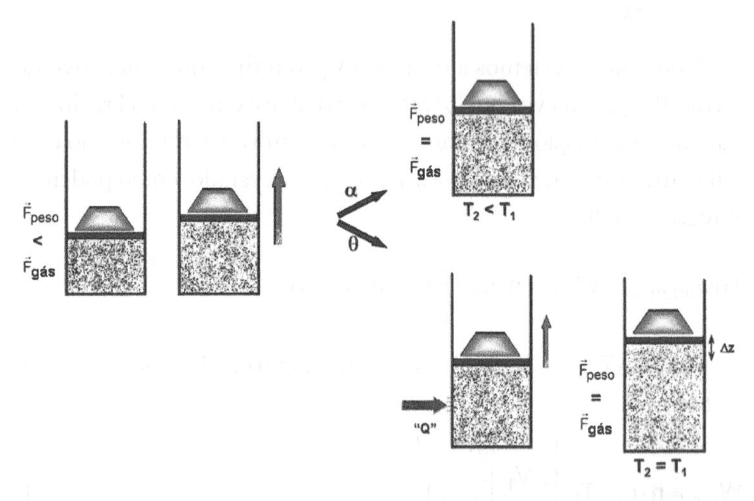

Figura 3.6. Ilustração esquemática da diferença de altura (Δz) obtida entre uma expansão adiabática (seta α) e uma expansão isotérmica (seta θ). Inicialmente, em ambos os casos, a força (pressão) do gás no contêiner é maior que a força peso da massa sobre o êmbolo, o que acarreta a elevação desta. Contudo, no caso isotérmico, energia é fornecida ao sistema (seta "Q") de modo a manter a temperatura do gás constante, e a massa termina em uma altura maior (ver texto para maiores detalhes).

Note que o êmbolo atinge uma altura maior que no caso adiabático, indicando que energia entrou no sistema de forma a permitir realizar mais trabalho. Essa quantidade extra de trabalho mecânico obtida corresponde à diferença entre os trabalhos isotérmico e adiabático. Essa diferença é o calor:

$$Q_{\theta,r} = -W_{\theta,r} + W_{\alpha,r} \tag{3.3.6}$$

Um gráfico ilustrativo (qualitativo) representando o resultado da equação 3.3.6 é mostrado na Figura 3.7.

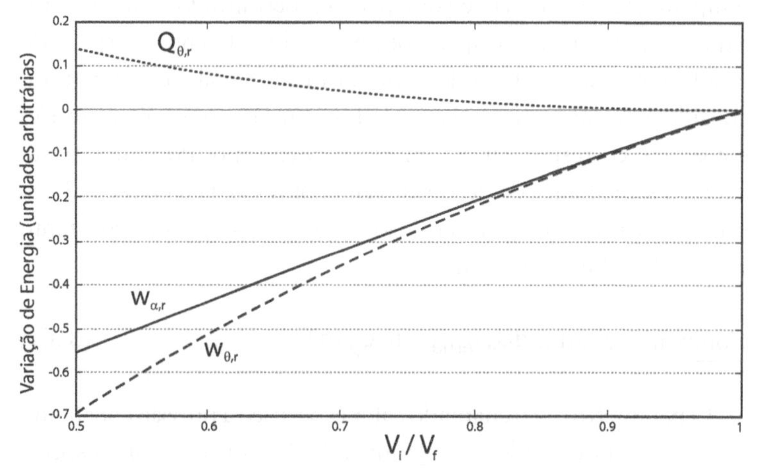

Figura 3.7. Trabalho adiabático reversível (linha contínua) e trabalho isotérmico reversível (linha tracejada) em função da variação relativa de volume (isto é, a razão volume inicial/volume final). A diferença entre os dois tipos de trabalho é apresentada na linha pontilhada, e é o calor isotérmico reversível. Note que o eixo –y está em unidades arbitrárias de energia. As funções foram elaboradas para um gás ideal monoatômico, no qual $c_v = 1\frac{1}{2}$ R. Note, ainda, que os dois tipos de trabalho são negativos (i.e., o sistema realiza trabalho no entorno), mas o calor é positivo, indicando que houve entrada de energia no sistema durante o processo. Finalmente, note que a relação V_i/V_f igual a 1 indica nenhuma variação de volume, e fizemos a figura para uma variação relativa de até 50% (redução do volume inicial até a metade).

Dessa maneira, obtivemos uma definição *mecânica* de calor: *calor é a diferença entre o trabalho obtido e o trabalho adiabático pertinente ao processo* (portanto, o sinal de menos que precede $W_{\theta,r}$).

Vamos tentar deixar o mais claro possível essa definição mecânica de calor. Inicialmente, o sistema se encontra em equilíbrio térmico com o entorno, com temperatura T_1. Então, considere como se o processo isotérmico houvesse ocorrido em duas etapas. Uma primeira, adiabática, na qual há uma queda de temperatura durante a expansão, atingindo-se $T_2 < T_1$, e um volume V_{12}, tal que $V_1 < V_{12} < V_2$. Após isso, há uma segunda etapa, na qual se eleva a temperatura do sistema de volta para T_1, permitindo-se uma maior expansão, até que se atinja o volume final V_2. Como a variável de estado que estamos alterando de modo infinitesimal é a temperatura, consideramos que a segunda etapa da expansão se dá contra pressão constante, correspondente à pressão do entorno. Portanto, existe agora, à semelhança da descrição feita por meio da equação 3.3.2b, uma variação de energia interna do sistema, mas a pressão constante em vez de volume constante:

$$\text{Componente extra: } dU_{interna} = n \cdot c_p \cdot dT \qquad (3.3.7)$$

O parâmetro c_p é o chamado calor específico a pressão constante. Existe, para um gás ideal, a seguinte relação entre os calores específicos a volume e pressão constantes:

$$c_p - c_v = R \qquad (3.3.8)$$

Note que a equação 3.3.7 é ilustrativa no sentido de que a diferença representada em 3.3.6 não pode ser transposta de maneira direta para 3.3.7, pois os volumes iniciais a que se referem essas equações são diferentes (V_1 e V_{12}, ver acima). Contudo, ambas nos dão a variação de energia interna referente ao que se chama calor.

Portanto, o que obtivemos foi um modo bem mais fácil de se lidar com esse processo de troca de energia chamado calor. Não é mais preciso se falar em diferença de temperatura, aquecimento, resfriamento, etc. Calor passa a ser uma diferença mecânica observável, algo que pode ser relacionado à variação extra de volume, como denominamos acima, $V_{12} \rightarrow V_2$.

Essa definição mecânica de calor nos será bastante útil mais adiante. Além disso, há implicações de ordem prática na própria Biologia, como em erros que surgem em certas medidas devido à não observância de que calor e trabalho são intercambiáveis.[10]

Note que, apesar de não ser óbvio num primeiro momento, podemos simplesmente deixar que o trabalho obtido seja de qualquer natureza, ou seja, não importa se reversível ou não, tampouco as condições de trocas das fronteiras, e definimos calor como sendo a diferença entre o trabalho obtido e o trabalho adiabático respectivo para aquela expansão (compressão):

$$Q = -W + W_{\alpha} \qquad (3.3.9)$$

10 Ver, por exemplo, Chaui-Berlinck & Bicudo, The signal in total-body plethysmography: errors due to adiabatic-isothermic difference, *Respiration Physiology*, 113, p.259-70, nas leituras complementares recomendadas.

4
Entropia

Uma breve introdução

Entropia é o termo que surge nos mais variados, e muitas vezes inesperados, contextos, carregando a aparente explicação final para tudo o que ocorreu ... ou que está para ocorrer. Se não se sabe a causa de certo fenômeno, ao menos a explicação todos têm: foi o aumento da entropia. Afinal, se um processo ocorre de forma espontânea, é porque está associado ao aumento de entropia. Portanto, desde o pistão que sobe até o quarto desarrumado dos filhos, passando por relógios, telégrafos e musicalidade, tudo é por conta do aumento da entropia.

E, para piorar mais esse quadro, como o aumento da entropia é concomitante a um maior número de estados acessíveis ao sistema, tornou-se comum associar o aumento da entropia com "bagunça" ou "desordem", no sentido comum do dia a dia. Nada bom. Em vez de permitir uma maior compreensão das coisas, essa associação indevida gera desvios conceituais, como a impossibilidade da espontaneidade da vida (já que é um fenômeno que requer uma alta ordem interna), ou, ainda, o "inferno final" do Universo (uma vez que o aumento de entropia parece implicar um aumento de estados acessíveis, isso se associa a um aumento de temperatura, e, portanto, o Universo caminharia para um aumento generalizado de sua temperatura, terminando numa queima total).[1] Ambos os desvios conceituais nada mais são do que isso, desvios. O fato de sistemas isolados terem seus processos espontâneos ditados pelo aumento da entropia não implica a impossibilidade do surgimento de ordem (veja, depois, o final do capítulo 5); o aumento de entropia no Universo levará a uma temperatura homogênea e generalizada baixa, quando, então, mais nenhum trabalho útil poderá ser obtido.

Neste capítulo, iremos apresentar e discutir alguns aspectos que nos parecem importantes para se ter uma compreensão do que está por trás da *entropia* e, portanto, do que pode ser colocado à sua frente. O primeiro passo será trazer uma apresentação da entropia como uma função de estado termodinâmico. Após isso, discutiremos as chamadas propriedades da entropia (assunto que voltará à cena na parte III do livro), propriedades essas que a tornam figura central e dissimulada na Termodinâmica. Então, numa abordagem mais heterodoxa, vamos explorar um pouco as consequências, na entropia, da definição mecânica de calor. Finalmente, terminamos discutindo o ponto mais importante: há provas de que a entropia de um sistema aumenta em sua evolução espontânea?

Entropia e o diferencial exato do calor

Neste ponto do texto, já temos suficiente arsenal termodinâmico e matemático para afirmarmos o seguinte: como a variação de energia interna é um diferencial exato, o que significa que sua variação

---

1 Para exemplificar a distorção, podemos ver o seguinte texto, obtido na rede mundial: "Temperature of the universe (heat death vs. cold death): As all work was transformed into heat via the second law of thermodynamics the temperature of the universe – the dimensions of which were believed at the time to be static – would rise inexorably, whence the name heat death" [A temperatura do universo (morte quente vs. morte fria): Uma vez que todo o trabalho foi transformado em calor devido à segunda lei da termodinâmica, a temperatura do universo – cujo tamanho se acreditava estático – aumentaria inexoravelmente, daí o nome "morte quente"] – em http://www.enotes.com/topic/Heat_death_of_the_universe, acesso em 18/04/2012.

mensurável é representada pela diferença entre os valores final e inicial, então a Primeira Lei implica que ($\delta q + \delta w$) seja um diferencial exato. Faremos, agora, o que fizemos para o trabalho quando discutimos o tópico de diferenciais exatos (ver equação 3.2.7). Lá, excluímos transações de calor, o que resultou em transformar o trabalho num diferencial exato por meio de relações conhecidas entre pressão e volume. Aqui, iremos excluir transações de trabalho envolvendo a variação de energia interna. Logo, isso irá implicar que deve ser possível transformar a variação de calor num diferencial exato.

Vamos, então, retomar o modo como obtivemos a definição mecânica de calor. Considere um sistema (pistão, êmbolo e gás) em equilíbrio térmico e mecânico com seu entorno (as figuras 3.4, 3.5 e 3.6 ilustram o processo descrito a seguir). O sistema está envolto por um isolante térmico. Numa primeira etapa, retira-se, de maneira infinitesimal, massa de sobre o êmbolo, permitindo uma expansão adiabática reversível. Nessa etapa, não há trocas de calor. Assim, o sistema realiza trabalho no entorno, seu volume aumenta e a temperatura diminui devido à expansão (devido ao trabalho realizado), indicando a concomitante diminuição da energia interna no gás. Como fizemos na seção 3.3, vamos dizer que o sistema saiu da condição 1 indo para uma condição intermediária, 12: $V_1 \rightarrow V_{12}$, $T_1 \rightarrow T_{12}$, $p_1 \rightarrow p_{12}$. Como a massa sobre o êmbolo é agora menor, o equilíbrio mecânico implica $p_{12} < p_1$, mas, de qualquer maneira, $p_{12} = \vec{F}$ peso $+ p_{ext}$, ou seja, a nova pressão do gás se equilibra com o peso sobre o êmbolo mais a pressão atmosférica externa. Houve expansão e, então, $V_{12} > V_1$. E, como já ressaltado, $T_{12} < T_1$.

Nesta exata condição, se retornarmos, de maneira infinitesimal, a massa retirada de sobre o êmbolo, o sistema ***e*** o entorno retornarão ao exato estado inicial, com volume, pressão e temperatura finais iguais às iniciais. Ou seja, é possível obtermos um retorno completo ao estado inicial. Contudo, note bem, *não houve trabalho útil obtido*.

Considere, agora, que, em vez de obtermos um retorno da energia interna à condição inicial por meio da recolocação da massa retirada, permita-se que a temperatura T_{12} retorne ao seu valor inicial T_1, maior. Como isso será feito? Permitindo que o sistema entre em contato com uma sequência de fontes quentes, cada uma numa temperatura infinitesimalmente maior que aquela em que está o sistema, até que se atinja T_1 de maneira reversível, como definido. Note que, ao terminar esse processo, o sistema volta a estar em equilíbrio térmico com o entorno, *mas não está mais em equilíbrio mecânico*: agora, a pressão do gás é maior que $F_{peso} + p_{ext}$. Mas a variação de energia interna *não* foi associada à realização de trabalho. Portanto, $\delta w = 0$, mas $dU > 0$, na segunda etapa, já descrita. Assim, $dU \equiv \delta q_r$ e, portanto, a variação de calor deve ser um diferencial exato nessa situação.

Isto quer dizer que, assim como obtivemos uma maneira de transformar o trabalho num diferencial exato, podemos fazê-lo com o calor. Se recordarmos como obtivemos a definição mecânica do calor (expressão 3.3.6), veremos que podemos variar a energia interna do sistema por meio de trocas de calor tanto a pressão constante quanto a volume constante (como acabamos de descrever). Ou seja, pela fixação de uma variável intensiva (pressão) ou de uma variável extensiva (volume). Estamos, portanto, em busca de uma variável extensiva, e de estado, que se combine com a temperatura, que é uma variável intensiva e de estado, e resulte no equivalente de variação de energia interna, que é uma variável de estado, por meio de trocas de calor. Por enquanto, chamaremos essa variável de estado extensiva de "variável X". Vamos examinar, então, o que se pode deduzir a respeito dessa nossa "variável X".

(A) *A "variável X" é constante (i.e., fixa) para um processo adiabático reversível.*

Provemos. Como já vimos, para um processo adiabático reversível, temos:

$$\Delta U = -\int p(V)dV \qquad (4.1.1)$$

E, nesse caso, o trabalho realizado resulta numa queda de temperatura no sistema: $-\int p(V)dV \mapsto -\Delta T$, a qual é uma função de estado.

O sistema tem, agora, um volume V_2, maior que o inicial. Permitimos um aumento da temperatura até a inicial, ou seja, $T_2 \rightarrow T_1$, por meio de uma série de fontes quentes, como descrito logo acima, porém com volume constante. Assim, o sistema volta a estar em equilíbrio térmico com o entorno, e, se a massa retirada for recolocada, ela estará, também, em equilíbrio mecânico (isso é a evidência de que a energia interna de um gás ideal é uma função da temperatura, mas não do volume). Logo:

$$W_{\alpha,r} = -\int p(V)dV = \Delta U = \int f(T)dT = (Q_r)_V \qquad (4.1.2)$$

sendo o último termo da equação o calor de um processo reversível a volume constante.

Nota-se, empiricamente, que ΔU é linear com ΔT. Assim:

$$\Delta U = k \cdot \Delta T \qquad (4.1.3)$$

sendo k uma constante de proporcionalidade.

Portanto, *como toda variação de energia interna é dada pela variação de temperatura* (variável de estado), então não há outra variável de estado que possa ser associada à variação da energia interna. Logo, a nossa "variável X" é uma constante para um processo adiabático reversível.

(B) *A "variável X" se relaciona ao calor em um processo isotérmico.*

Voltando à nossa definição mecânica de calor (seção 3.3), a expansão isotérmica resulta em uma diferença de trabalhos (adiabático e isotérmico) mensurável, ou seja, temos uma diferença de volumes finais atingidos. Chamaremos essa diferença de ΔV_{extra}. Note que a variação de volume é uma variável de estado, ou seja, independe do modo como se perpetrou o processo de mudança.

Uma vez que fizemos uma expansão isotérmica, então $\Delta T = 0$. Contudo, vimos no item A que a energia interna é uma função da temperatura. Se esta não se modificou, então não houve variação da energia interna, mas trabalho foi realizado. Portanto, temos a seguinte proporcionalidade:

$$Q_{\theta,r} \propto \Delta V_{extra,r}$$

Mas, uma vez que o processo foi isotérmico e a variação de volume é uma variável de estado, então deve existir uma variável de estado, a qual estamos chamando de X, que aumente no sistema, à temperatura constante, à custa da entrada de calor e permita a obtenção do volume extra. Chegamos à conclusão de que existe uma relação como a seguinte:

$$T \cdot \Delta X_r = Q_{\theta,r} \qquad (4.1.4)$$

Essa "variável X" recebeu, de Clausius, o nome de entropia, *sendo designada pela letra S.*

Nesta etapa, obtivemos a entropia de maneira indutiva, inferindo sua existência a partir da variação de uma outra variável de estado, o volume. No capítulo 6, retomaremos esse ponto, mostrando que existe uma função de estado $\delta q_r / T$, como já anunciamos no capítulo 1.

Note: trabalho é relacionado às variáveis p e V; e calor é relacionado às variáveis T e S.

Mais ainda, uma vez que *calor* tem uma definição mecânica, podemos transferir essa definição para a *entropia*:

$$\Delta S_r \propto \Delta V_{extra,r} \qquad (4.1.5a)$$

Como a definição mecânica de calor é independente da reversibilidade do processo, então generalizamos 4.1.5a como:

$$\Delta S \propto \Delta V_{extra} \qquad (4.1.5b)$$

Finalizamos esta seção com algumas conclusões, às quais voltaremos algumas vezes ao longo do livro. Estas conclusões fazem parte de nossos objetivos de tornar menos mística essa entidade denominada *entropia*.

A proporcionalidade 4.1.5b nos diz que a variação da variável de estado entropia é proporcional à variação da variável de estado volume (volume extra, como apresentado anteriormente). Não que se obtenha, necessariamente, esse volume extra, mas, assim como no caso do calor e do trabalho, o processo de transferência de energia entre o sistema e o entorno *teria possibilitado* tal volume extra, independentemente de este haver ou não se realizado. Assim, termodinamicamente, traçamos uma *equivalência* mecânica entre duas variáveis de estado extensivas, entropia e volume, à semelhança do que fizemos para as duas variáveis diferenciais inexatas, calor e trabalho.

Entropia como irreversibilidade

Não se pode deixar de notar que a *entropia* assumiu um papel central em inúmeras áreas do conhecimento. Isso se deve, a nosso ver, a três fatores.

O primeiro diz respeito ao fato de a entropia parecer apontar o caminho natural de evolução de sistemas e, portanto, o que se pode esperar que venha a acontecer. Não foram poucas as vezes em que se atribuiu, e se atribui, à entropia a propriedade de indicar a, ou resultar na, seta do tempo. Aliás, o que seria melhor para explicar algo tão misterioso como o tempo do que algo tão misterioso quanto a entropia? Afinal, troca-se seis por meia dúzia, na melhor das hipóteses: se você não conseguir provar que a entropia aumenta, também não provou que o tempo passa num determinado sentido.

O segundo fator está ligado ao fato, empiricamente constatado, de que o aumento da entropia se relaciona a uma quantidade de trabalho útil perdido. Ou seja, quanto maior a entropia gerada, menor é a quantidade de trabalho útil obtida no processo, e, portanto, surgem, aí, critérios de eficiência.

O terceiro fator, por nós sugerido, é o do *status* do interlocutor. Tal é o grau de dificuldade causado na compreensão do que significa entropia que o simples fato de mencioná-la eleva o poder de convencimento do discurso que está sendo feito. Assim o foi quando Shannon propôs a sua chamada entropia informacional à custa de conselho de von Neumann (ver as "Citações", no capítulo 1, e a parte III). Tal nomenclatura terminou por gerar uma enorme confusão em várias áreas, como já ressaltava von Bertalanffy, ainda em 1968.[2] Essa confusão, compatível com a versão de "entropia = bagunça", é, no mais, bastante menos informativa na Termodinâmica. E assim o continua sendo com a miríade de "entropias" soltas na literatura, as quais se relacionam à informação e não à Termodinâmica (ver parte III).

Dessa maneira, são esses três os fatores que, a nós, parecem ter lançado a *entropia* às alturas e a colocado como o grande conceito necessário e suficiente em inúmeras áreas, Biologia aí inclusa. Contudo, como discutiremos adiante, o primeiro fato se restringe à constatação empírica quanto ao fluxo de calor, e o terceiro se refere a proposições fora do domínio da Termodinâmica. Logo, a nosso ver, somente o segundo fato é de real interesse e de real apreciação, e, como veremos, um tanto menos misterioso.

Diante de tal caráter etéreo que a entropia assumiu, e diante da imaterialidade a ela associada, um número significativo de trabalhos na literatura se dedicou a estudar e desenvolver as propriedades da entropia. É interessante notar que não existe tal profusão de estudos quanto às propriedades do volume, da pressão ou mesmo da temperatura. Assim, forma-se um ciclo, vicioso ou virtuoso fica a cargo do leitor decidir, e esse ciclo não é recente. De fato, já Maxwell o plantou há muito, com seu consagrado demônio.[3]

Contudo, apesar desta nossa visão um tanto cética quanto à descabida confusão que se perpetra na literatura sobre o significado da entropia, há um fato que a torna especial, e está ligada ao primeiro fator citado, a suposta seta do tempo. A entropia parece estar

---

2 von Bertalanffy, *Teoria geral dos sistemas*, p.42.

3 Ver, por exemplo, Leff & Rex, *Maxwell's Demon 2* e, ainda, a parte III deste livro.

associada com a irreversibilidade de processos, o que não se atribui às demais variáveis de estado termodinâmico. Isso a torna foco de atenção especial, e, provavelmente muito por isso, suas propriedades foram e são alvo dessa profusão de estudos.

Retomando as leis e postulados, a Segunda Lei se equipara a escrevermos a seguinte *constatação empírica*:

calor sempre flui de uma fonte quente para um sorvedouro frio ($L2_{equiv}$)

Assim, para qualquer processo:

$$T \cdot \underbrace{(dS_r + dS_{\sim r})}_{dS_{total}} = \underbrace{\delta q_r + \delta q_{\sim r}}_{\delta q_{total}} \propto dV_{extra} \qquad (4.1.6)$$

Logo, $L2_{equiv}$ implica que a variação de entropia seja maior ou igual a zero para um processo espontâneo:

$$0 \leq dS_{total}$$

(sendo que a igualdade ocorre na condição particular de mudanças reversíveis).

Essa é a celebrada desigualdade de Clausius, de que "a entropia sempre aumenta".

Contudo, o encadeamento lógico apresentado nos leva ao seguinte: *procurar provar que "$0 \leq dS_{total}$ num processo espontâneo" equivale a conseguir uma demonstração causal de que o calor somente flui de uma fonte quente para um sorvedouro frio.* Como essa demonstração causal nunca foi conseguida (ver discussão feita a respeito do significado das leis e postulados, no capítulo 2), então nunca se conseguiu provar que a entropia *deve* aumentar em um processo espontâneo. Em outras palavras, não há provas de que a máxima apresentada seja uma verdade absoluta.

Voltamos a ressaltar que nossa posição um pouco cética não deve ser vista como um descaso com os ganhos conceituais e de conhecimento decorrentes dos inúmeros estudos sobre a entropia, ou caberia melhor dizer "as entropias" (discutido na parte III). Esses ganhos são palpáveis e importantes. Nossa posição é muito mais a oposta, ou seja, como evitar que tal amplitude de conhecimentos impeça que o não especialista tenha uma compreensão do cerne do conceito em si. Como evitar que um leitor não especialista, mas que tenha necessidade, ou curiosidade, de um uso superficial do conceito, não seja levado pela enxurrada confusa nem pela trivialidade da associação de entropia com bagunça, nem a trate como uma propriedade mágica que dita a irreversibilidade e a seta do tempo nos processos.

Como colocamos no início do livro, a Termodinâmica trata de coleções enormes de partículas. Como disse Weaver (um dos fundadores da teoria da informação, citado por von Bertalanffy): "a Física clássica teve grande sucesso em criar a teoria da complexidade desorganizada ... [a qual] tem suas raízes nas leis do acaso e das probabilidades e na Segunda Lei da Termodinâmica".[4] Esse fato, de que as leis da Física clássica decorrem de fenômenos estatísticos em um número incrivelmente grande de partículas interagindo (de maneira fraca), é colocado por vários autores – portanto, não há novidade nem qualquer outra pretensão no presente texto ao insistirmos nesse ponto.

O que deve, contudo, se tornar claro para o leitor é o que está por trás de uma parte significativa de estudos que pretenderam "provar" a Segunda Lei: pretendeu-se provar que uma ocorrência de fundo estatístico poderia ser generalizada para toda e qualquer situação (e.g., condição inicial de um sistema) e se tornar, portanto, uma "lei determinística de fato".

Não se conseguiu.[5]

Historicamente, Boltzmann foi um dos pioneiros em procurar dar uma prova que tornasse a entropia uma lei, em vez de um acaso (acaso estatístico num sistema de muitas partículas, bem claro). Seu importante teorema H pretende, justamente, resolver esse ponto.

---

4 von Bertalanffy, *Teoria geral dos sistemas*, p.57.

5 Cabe aqui um esclarecimento quanto a "não se conseguiu". De fato, se conseguiu, mas para sistemas com um número infinito de partículas (ver Wehrl, General properties of entropy, *Reviews of Modern Physics*, 50, p.221-60), o que, em termos práticos, se converte em não haver conseguido.

Reproduzimos, abaixo, um trecho extraído de Wherl, em sua revisão intitulada "General properties of entropy", fazendo referência à equação de Boltzmann que leva ao teorema H (tradução livre nossa):

> A equação de Boltzmann não é, de forma alguma, uma consequência imediata das leis da Mecânica clássica, i.e., equações hamiltonianas. Ao contrário, é baseada em várias assunções, por exemplo, o caos molecular, ou o "Stosszahlansatz", e sobre o fato de que se considera apenas a função de correlação de uma partícula em vez da distribuição de probabilidades completa no espaço de fase. Isso resulta em .... [descrição] por uma equação irreversível.[6]

Tem-se, portanto, uma condição que resulta na irreversibilidade e, portanto, na Segunda Lei com sua implicação de que a entropia sempre cresce até um máximo. O que Wherl chama, então, a atenção é para os três seguintes pontos:

(1) O teorema H não coincide com a entropia clássica de maneira geral, a não ser em casos particulares.
(2) A função de correlação que surge na equação é obtida no sistema a partir de alguma promediação ou função média.
(3) A assunção do caos molecular não pode ser justificada em primeiros princípios. Esta pode ser provável mais ou menos numa certa grande extensão de casos, mas não é necessária nem verdadeira sempre.

Assim, como se nota, não se conseguiu, até o presente, uma demonstração de que a Segunda Lei é, ou traz, uma relação causal. A Segunda Lei continua sendo contingente. Portanto, não deveria ser surpresa a possibilidade de sistemas que evoluam para estados

6 Wehrl, General properties of entropy, *Reviews of Modern Physics*, 50, p.228.

aparentemente mais desorganizados, de maneira espontânea, sem que haja aumento da entropia.[7]

O aumento da entropia em sistemas termodinâmicos em geral é um fato observado empiricamente. Como já chamamos a atenção, uma demonstração da natureza causal da Segunda Lei estaria ligada, em última instância, a uma demonstração da não casualidade[8] de calor ir de uma fonte quente a um sorvedouro frio. É interessante notar que tal problema não é abordado, na literatura científica, com a mesma intensidade que as propriedades e demonstrações a respeito da entropia. No fundo, em termos mecânicos, tais problemas não somente são equivalentes como, ainda, o fluxo de calor teve precedência histórica. Como Maxwell já trouxe à tona por meio de seu demônio, calor poderia seguir um fluxo invertido: se as moléculas de maior energia cinética no sorvedouro frio e as de menor energia cinética na fonte quente trocassem momento entre si, observaríamos a fonte quente aquecendo em contato com o sorvedouro frio a esfriar. Isso seria o oposto do previsto pela Segunda Lei.

Portanto, sem nos estendermos mais do que já o fizemos, as mensagens a serem guardadas pelo leitor são as seguintes:

- Aumento de entropia equivale a dizermos que calor flui de uma fonte quente para um sorvedouro frio.
- O fluxo de calor no sentido apontado não tem natureza causal determinística; é uma ocorrência de natureza estatística.
- O fluxo de calor pode ser associado ou definido mecanicamente, e, assim, o mesmo pode ser feito em relação à entropia.

7 Ver, por exemplo, Mackey, *Time's arrow.*

8 Note: casualidade – não "causalidade"!

5
Energia livre

Entramos, agora, no penúltimo capítulo da primeira parte, referente à Termodinâmica de Equilíbrio. É uma seção com bastante Matemática, no sentido que iremos procurar desvendar o que está por trás da chamada "variação de energia livre". Para aqueles que já tiveram algum contato com o assunto, deve vir à lembrança o relacionamento entre a variação de energia livre e o sentido de um certo processo, por exemplo, uma reação química. Assim, tem-se que uma variação negativa da energia livre indica a espontaneidade do processo (e, por consequência, a não espontaneidade do processo inverso).

Uma leitura simplista do que acabamos de dizer pode se transformar na seguinte concepção: se a energia diminui, então o processo é espontâneo. Essa ideia é equivocada.

Como vimos, a Primeira Lei não fala nada a respeito da espontaneidade ou não de um dado fenômeno. Supostamente, é a Segunda Lei que permite dizer o que é ou não possível ocorrer de maneira espontânea por meio do aumento da entropia. Tal ênfase no papel da Segunda Lei é muito ressaltada por alguns autores na ânsia de estabelecer uma demarcação clara entre a variação de energia (não a energia livre, mas energia, em sentido geral, a qual varia de maneira cega ao sentido do processo) e a variação de entropia (aquela que dá a espontaneidade do processo). Ou seja, a intenção é a de dizer mais ou menos o seguinte: "variação de energia negativa não indica o sentido espontâneo; variação positiva de entropia é o chefe da história daquilo que ocorre de maneira espontânea".

Dessa maneira, encontramos: "[a consideração diz respeito à variação de energia interna a volume e entropia constantes] ... A segunda desigualdade é menos óbvia, pois ela nos diz que, se a entropia e o volume de um sistema são constantes, então a energia interna deve decrescer numa mudança espontânea. *Não interprete esse critério como uma tendência do sistema a decair para energias mais baixas. É um critério disfarçado a respeito da entropia* ...".[1]

Como dissemos, a interpretação de

"espontaneidade = diminuição de energia"
é equivocada. Contudo, a interpretação
"espontaneidade = diminuição de *energia livre*"

é correta. A diferença se encontra no fato de que a energia livre leva em conta todas as possíveis manifestações de energia num dado sistema, ao passo que energia, sem a adjetivação, não especifica o que se está levando em conta e, portanto, deixa uma ampla "margem para negociação (da espontaneidade)".

Aonde queremos chegar com isso? Além de procurar marcar a ênfase necessária para distinguir "energia" de "energia livre", queremos, também, desmistificar, mais um pouco, a entidade entropia, nos moldes do que já iniciamos no capítulo 4. Assim, como veremos, a variação positiva de entropia dentro da variação de energia livre é, de fato, uma variação de energia, em última instância. Em outras palavras, é claramente possível traduzir a ideia de espontaneidade em termos energéticos somente.[2]

---

1 Atkins, *Physical Chemistry*, p.113, itálicos nossos em uma tradução livre também de nossa autoria.

2 Não estamos aqui dizendo que os livros-texto assim não o façam, eventualmente. Contudo, a ênfase na Segunda Lei é tão acentuada, que o leitor termina fixado no conceito da entropia. Por exemplo, na continuação do parágrafo

Assim, antes de começarmos propriamente, vamos fixar o que se obtém a partir da conceituação apresentada na maioria dos livros:

a variação negativa da energia livre é proporcional ao aumento da entropia

Ou, de maneira menos textual:

$$-dG \propto +dS$$

Por que queremos fixar tal ideia antes de começar? Pois, como o leitor verá, *não é possível encontrarmos essa relação quando tratamos a variação da energia livre de maneira direta, ou seja, "resolvendo a equação"*. Como insistimos, a Termodinâmica é cheia de sutilezas. E achamos que o presente exercício pode servir para esclarecer bastante esse aspecto espinhoso da área.

Vamos, primeiramente, escrever a equação da energia livre de Gibbs, G:

$$G = H - T \cdot S$$

Assim, a variação de G é (já escrita contendo a variação da entalpia:[3] $H = U + p \cdot V$):

$$dG = \delta q - \delta w + p \cdot dV + V \cdot dp - T \cdot dS - S \cdot dT \qquad (5.1)$$

Vamos considerar, inicialmente, o caso reversível. Depois nos estenderemos aos casos irreversíveis.

O trabalho se refere ao trabalho obtido sem troca de calor, ou seja, é o trabalho adiabático (por motivos óbvios, já que há o termo

acima citado, extraído de Atkins, *Physical Chemistry*, encontramos: "... a qual somente pode ser obtida se a energia do sistema decresce como escape de calor para o entorno" (p.113).

3 Na parte II, capítulo 8, iremos voltar a falar da entalpia H.

δq relativo às mudanças de energia interna devido às trocas de calor). Como vimos no capítulo 3 (equação 3.2.8), sabemos escrever o trabalho adiabático reversível como uma função do produto p(V)·V. De fato, $\delta w_{\alpha,r} = -p \cdot dV$. Como vimos no capítulo 4 (equação 4.1.6), $\delta q_r = T \cdot dS_r$. Assim, cancelando termos em 5.1, ficamos com:

$$dG_r = V \cdot dp - S \cdot dT \tag{5.2}$$

Como veremos, a equação 5.2 é *exatamente a mesma para os casos irreversíveis*. Mas isso não importa agora. O que queremos ressaltar, nesse ponto, é o seguinte. Se o leitor se lembra, estamos procurando mostrar a relação que enfatizamos há pouco: $-dG \propto +dS$. *Note, no entanto, que não há mais variação de entropia (i.e., dS) na equação 5.2!* Ou seja, pura e simplesmente, não há como, de maneira direta, verificar a relação que, supostamente, dita a espontaneidade do processo, ou seja, que a variação negativa de energia livre está associada ao aumento de entropia.

Vamos examinar, agora, o caso irreversível, antes de dar a solução para a charada que deixamos acima.

Primeiramente, existe a igualdade $\delta w_\alpha = p \cdot dV$, sempre. Note, não colocamos "r" subscrito. Ou seja, estamos dizendo que o trabalho adiabático equivale ao termo $p \cdot dV$ mesmo para os casos irreversíveis (parte adiabática do processo, bem claro). Por que isso? Como vimos (capítulo 3, seção "Reversibilidade"), o trabalho adiabático máximo equivale ao obtido perfazendo-se mudanças infinitesimais na pressão externa (ou interna). Contudo, caso se faça uma expansão (compressão) não assistida, ou seja, sem que se procure igualar, a cada mudança infinitesimal, a pressão do sistema e do entorno, a expansão (compressão) ocorre contra uma pressão *externa* fixa. Portanto, mesmo no caso no qual não se tenha o trabalho adiabático máximo, sabemos a relação entre pressão e volume, considerando fixa a pressão externa. Em outras palavras, o trabalho realizado irá se relacionar à expansão contra a pressão do entorno. Logo, podemos sempre escrever, como dito acima:

$$\delta w_{\alpha} = p \cdot dV \tag{5.3}$$

Retomando os conceitos apresentados no capítulo 4, temos a desigualdade de Clausius: $\delta q_r \leq T \cdot dS_{total}$. Assim, como vimos (equação 4.1.6), podemos transformar a desigualdade numa igualdade:

$$T \cdot dS_{total} = \delta q_r + \delta q_{\sim r} \tag{5.4}$$

Note que deixamos explícito, em 5.4, uma parte não reversível da troca de calor ("~r" subscrito). Logo, se escrevermos que a troca total de calor é representada por uma parte reversível (existente ou não) e uma parte irreversível (existente ou não), então a variação de entropia *total* se iguala a esse calor total trocado (dividido pela temperatura):

$$\delta q_{total} = T \cdot dS \tag{5.5}$$

Portanto, uma vez eliminados os termos equivalentes em 5.1, a equação 5.2 pode ser escrita sem nos preocuparmos se ela se refere a processos reversíveis ou não:

$$dG = V \cdot dp - S \cdot dT \tag{5.6}$$

E, obviamente, nosso problema continua: não há termo de variação de entropia.

Vamos, então, examinar "quem são" V·dp e S·dT.

O trabalho isotérmico reversível é (equação 3.3.5):

$$W_{\theta,r} = n \cdot R \cdot T_1 \cdot \ln\left(\frac{V_1}{V_2}\right) \tag{5.7}$$

Em isotermia, temos a seguinte igualdade (obtida a partir da equação de um gás ideal):

$$p_2 \cdot V_2 = p_1 \cdot V_1 \Leftrightarrow \frac{V_1}{V_2} = \frac{p_2}{p_1} \tag{5.8}$$

O termo V·dp se refere a uma mudança com volume fixo e variação de pressão. Logo (lembre-se, estamos numa condição de isotermia e massa constante):

$$\int V \cdot dp = \int \frac{n \cdot R \cdot T}{p} dp = n \cdot R \cdot T \int \frac{dp}{p} = n \cdot R \cdot T \cdot \ln\left(\frac{p_2}{p_1}\right) \quad (5.9)$$

Colocando-se os resultados de 5.9 e 5.8 em 5.7, obtemos:

$$W_{\theta,r} = n \cdot R \cdot T \cdot \ln\left(\frac{p_2}{p_1}\right) \Leftrightarrow V \cdot dp = \delta w_{\theta,r} \quad (5.10a)$$

Ou seja, podemos identificar que o termo V·dp em 5.6 corresponde, no caso reversível, à variação de trabalho isotérmico. Contudo, como vimos, mesmo que não se tenha o caso reversível, considerando a troca não assistida de calor, ou seja, por meio de mudanças mensuráveis de temperatura, esse termo em 5.10a continua sendo equivalente ao trabalho isotérmico:

$$V \cdot dp = \delta w_{\theta} \quad (5.10b)$$

Uma mudança adiabática reversível é conhecida como *isentrópica*, ou seja, são mudanças nas quais não há alteração de entropia, sendo não somente verdadeiramente reversíveis como não dissipativas (veremos esses aspectos na segunda parte do livro, quando falaremos de processos fora do equilíbrio). Tomaremos, então, dois fatos empíricos (para o que se pode considerar empírico para um gás ideal):

(a) a energia interna de um gás ideal é função da temperatura: U = U(T); assim, se há variação da energia interna, há variação da temperatura (dT), o que, à entropia constante S, implica:

$$(dU)_S = S \cdot dT \quad (5.11a)$$

(b) a variação da energia interna em relação à variação de volume à entropia constante vale –p: $\left(\frac{\partial U}{\partial V}\right)_S = -p$; isso vem, na verdade, pelo trabalho adiabático reversível, ou seja:

$$(dU)_S = -p \cdot dV \tag{5.11b}$$

Assim, pelas considerações acima, temos que:

$$(dU)_S = S \cdot dT = -p \cdot dV = \delta w_{\alpha,r} \tag{5.12}$$

Ou seja, acabamos de descobrir que o termo S·dT em 5.6 corresponde ao trabalho adiabático reversível. Reescrevemos, então, a equação 5.6 diante do que encontramos em 5.10 e 5.12 (manteremos a distinção entre reversível e não reversível para facilitar o entendimento):

$$dG_r = \delta w_{\theta,r} - \delta w_{\alpha,r} \tag{5.13a}$$

$$dG = \delta w_{\theta} - \delta w_{\alpha,r} \tag{5.13b}$$

Comparando-se a equação 5.13a com a equação 3.3.6 e 5.13b com 3.3.9 (em sua variação), percebemos que:

$$dG_r = -\delta q_r \tag{5.14a}$$

$$dG = -\delta q \tag{5.14b}$$

Finalmente, utilizando as igualdades apresentadas em 5.4 e 5.5, podem-se escrever as equações 5.14 como a seguir, e obtemos a relação desejada entre a variação negativa da energia livre e a variação positiva da entropia:

$$-dG_r = T \cdot dS_r \tag{5.15a}$$

$$-dG = T \cdot dS \tag{5.15b}$$

Apenas para finalizar de modo mais geral, colocaremos a variação de energia livre como sendo uma soma entre uma parte reversível e uma irreversível, assim como já fizemos para outras variáveis (por exemplo, equação 5.4):

$$-dG_{total} = -(dG_r + dG_{\sim r}) = \delta q_r + \delta q_{\sim r} = T \cdot (dS_r + dS_{\sim r}) = T \cdot dS_{total} \quad (5.16)$$

Repare na porção intermediária da equação 5.16. Não há novidade alguma, de fato, pois é uma mera repetição do que se encontra nas equações 5.14. *Mas o que é interessante notar é que, de fato, a variação da energia livre, que diz respeito à espontaneidade de um processo, é uma variação de energia oriunda de troca por calor – ou, em termos mecânicos, uma diferença entre o trabalho adiabático reversível (isentrópico) e o trabalho realizado.*

Traçamos, dessa maneira, o percurso que se faz para concluir que a variação de energia livre de um processo se relaciona à variação de entropia. Para isso, resolvemos a "charada" que vimos surgir com a equação 5.2 (e 5.6), ou seja, o desaparecimento do termo de variação de entropia dessa equação. Entretanto, ainda mais importante do nosso ponto de vista, mostramos que, em última instância, o que está em jogo é uma variação de energia na forma de troca por calor e que, portanto, é a espontaneidade de fluxo de calor em ir de uma fonte quente a um sorvedouro frio que dita a espontaneidade de qualquer processo. Logo, como afirmamos anteriormente, a variação de energia livre está, sim, relacionada a uma variação de energia. Se, num dado processo, conseguimos identificar o que corresponde a um fluxo de calor entre uma fonte quente e um sorvedouro frio, temos o sentido da espontaneidade do processo.

Retomando a pequena digressão que fizemos no capítulo 4 a respeito do significado do aumento da entropia, podemos dizer que, então, a espontaneidade de um processo está relacionada ao fato empírico (e sem demonstração teórica) de que calor flui, *só e somente*, de uma fonte quente para um sorvedouro frio. Ou seja, estamos repetindo que a Segunda Lei é um postulado e, portanto, não é uma "lei" (na acepção estrita do termo), mas, sim, uma constatação empírica de fundo probabilístico. Esse fato pode ficar bastante mascarado por trás de toda a formalização matemática que acompanha a descrição dos processos.

Probabilístico que seja, dado o enorme número de partículas envolvido, o fato empírico é tratado como lei sem prejuízo de análise. Contudo, corre-se o risco de prejuízo de entendimento, e, por isso, estamos ressaltando esses pontos.

Como comentário final, vale a pena ressaltar que a variação de energia livre, sendo, no fundo, relacionada à troca por calor (ver equação 5.16), pode ser positiva ou negativa dependendo de como o sistema e o entorno estejam arranjados e, assim, como se dá o processo nas condições prescritas. Portanto, *não existe* a *espontaneidade de uma dada reação ou processo*; existe a espontaneidade de uma dada reação ou processo diante das condições dadas. É tal fato que irá permitir que as células realizem seus inúmeros processos "*não espontâneos*", como a produção de ATP a partir de ADP, o transporte de íons e moléculas contra gradientes de potencial termodinâmico, etc.[4]

Escreveremos a equação mais geral da energia livre na parte II – sobre condições de não equilíbrio, em que serão incluídas todas as possíveis manifestações de energia de um sistema. Contudo, nada do que se discutiu aqui irá se modificar, e as conclusões que apresentamos não terão nenhum acréscimo naquela nova etapa do texto.

4 Para esse tópico, sugerimos o livro de Hill, *Free energy transduction and biochemical cycle kinetics*, a respeito da transferência de energia livre em cinética bioquímica, como uma interessante e importante leitura complementar.

6
Ciclos

Ciclo de Carnot

Um ciclo é uma sequência de processos pela qual passa um sistema de maneira que, em algum ponto, uma propriedade de estado retorna a um valor já obtido. De fato, devemos ser ainda mais restritos e estritos: o conjunto de propriedades de estado deve voltar a assumir, simultaneamente, os valores já obtidos anteriormente por estas. Dessa maneira, num ciclo, temos que a variação desse conjunto de propriedades é nula.

Por exemplo, já sabemos que a energia interna de um sistema composto por um gás ideal é função somente da temperatura e da massa que compõe o sistema. Em notação, $U = U(T,n)$. Assim, se a temperatura de um gás ideal sai de um determinado valor e, após alguns processos, retorna a esse valor, sem que a massa tenha sido alterada, então $\Delta U = 0$.

Sadi Carnot concebeu um ciclo composto por quatro etapas. Na Figura 6.1, representamos o ciclo num gráfico *p versus V* (tanto pressão quanto volume estão em unidades arbitrárias, u.a.) e apresentamos a ilustração esquemática do que poderia ser um sistema passando pelo ciclo. A massa do sistema, dada pelo número de moles n, é fixa.

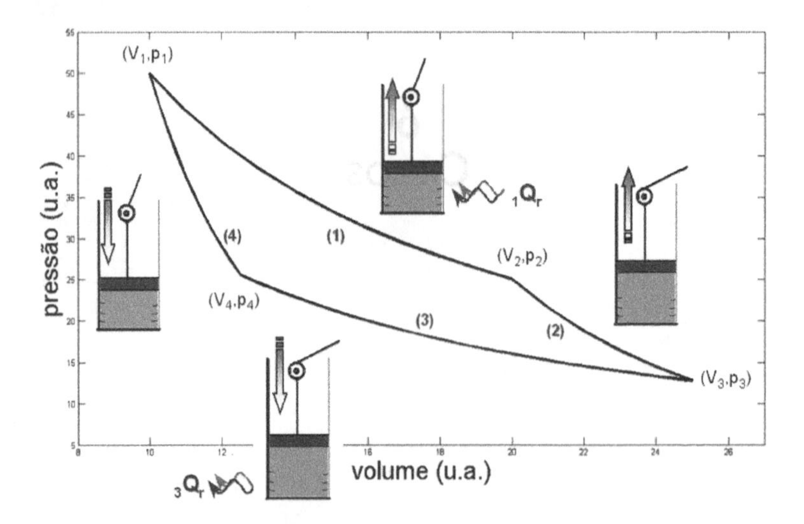

Figura 6.1. Ciclo de Carnot representado por um diagrama pressão *versus* volume, ambos em unidades arbitrárias. As etapas do ciclo, descritas no texto, estão numeradas na curva, e a figura apresenta ilustrações esquemáticas de um pistão passando por tais etapas (ver texto).

Vamos, agora, descrever as etapas, o trabalho realizado pelo sistema ou sobre o sistema e o calor trocado com o entorno. Note que, inicialmente, o sistema se encontra em equilíbrio térmico e mecânico com o entorno, e *todas as etapas são conduzidas de modo reversível*. O ponto inicial de operação é dado pelos seguintes parâmetros: p_1, V_1 e T_A. Na primeira etapa, o sistema é levado até o volume V_2, o qual também é um parâmetro, ou seja, é um valor estipulado pelo experimentador. Na segunda etapa, a temperatura do sistema sai de T_A e cai para T_B, a qual também é, portanto, um parâmetro especificado no processo. Temos, assim, o conjunto de cinco parâmetros, os quais denotaremos com um asterisco sobrescrito: $\{p_1^*, V_1^*, V_2^*, T_A^*, T_B^*\}$. *Todo o restante dos valores de pressão e volume pelos quais o sistema passa serão funções desse conjunto de parâmetros.*

(1) Primeira etapa – *uma expansão isotérmica reversível.* Em sua temperatura alta inicial, T_A^*, o sistema expande até atingir

(p_2, V_2^*), tais que $p_2 < p_1^*$ e $V_1^* < V_2^*$. Trabalho é realizado no entorno pela expansão. O trabalho isotérmico reversível da etapa 1 é dado por (ver equação 3.3.5):

$$_1W_{\theta,r} = n \cdot R \cdot T_A^* \cdot \ln\left(\frac{V_1^*}{V_2^*}\right) \tag{6.1}$$

Note que $_1W$ é negativo, já que a razão entre volumes é menor que 1 (ver apêndice sobre logaritmos), indicando que trabalho foi realizado pelo sistema. No entanto, como a temperatura é mantida constante em T_A^* por meio do contato com o que chamaremos de fonte quente, então não há variação da energia interna do sistema: $U(T_A^*) \equiv U(T_A^*) \rightarrow \Delta U = 0$. Assim, pela Primeira Lei, temos que o calor recebido pelo sistema a partir da fonte quente vale:

$$_1Q_r = -n \cdot R \cdot T_A^* \cdot \ln\left(\frac{V_1^*}{V_2^*}\right) \tag{6.2}$$

(2) Segunda etapa – *uma expansão adiabática reversível*. A partir de (p_2, V_2^*), o sistema sofre uma nova expansão, agora adiabática. Sua temperatura cai até a temperatura baixa T_B^*, sendo levado para (p_3, V_3), com $p_3 < p_2$ e $V_2^* < V_3$. O trabalho adiabático reversível dessa fase é dado por (ver equação 3.3.4):

$$_2W_{\alpha,r} = n \cdot c_V \cdot T_A^* \cdot \left[\left(\frac{V_2^*}{V_3}\right)^{\frac{R}{c_V}} - 1\right] \tag{6.3}$$

Novamente, como no caso da etapa 1, $_2W$ é negativo pois a razão entre volumes é menor que 1. Note que, contudo, V_3 não é um parâmetro da montagem. Esse volume é determinável (e imposto) pelas relações da equação de estado de um gás ideal. Temos, assim, que:

$$V_3 = V_2^*\left(\frac{T_A^*}{T_B^*}\right)^{\frac{c_V}{R}} \tag{6.4}$$

Portanto, inserindo-se 6.4 em 6.3 e fazendo-se as devidas simplificações, obtém-se:

$$_2W_{\alpha,r} = n \cdot c_V \cdot \left(T_B^* - T_A^*\right) \tag{6.5}$$

Como a mudança é adiabática, o calor dessa etapa é zero:

$$_2Q = 0 \tag{6.6}$$

(3) Terceira etapa – *uma compressão isotérmica reversível*. Agora, em sua temperatura baixa T_B^*, o sistema é comprimido isotermicamente até (p_4, V_4), sendo $p_3 < p_4$ e $V_4 < V_3$. Trabalho é realizado no sistema pelo entorno, por meio da compressão. O trabalho isotérmico reversível dessa etapa 3 é:

$$_3W_{\theta,r} = n \cdot R \cdot T_B^* \cdot \ln\left(\frac{V_3}{V_4}\right) \tag{6.7}$$

Note que, nessa etapa, a razão entre volumes é maior que um e, portanto, $_3W$ é maior que zero, indicando que é o entorno que realiza trabalho no sistema. Como no caso anterior, V_4 não é um parâmetro e é imposto pelas restrições do problema. Assim, obtemos esse volume como sendo (aqui já nos adiantamos ao que será a etapa 4, e obtivemos V_4 a partir de V_1^*):

$$V_4 = V_1^* \left(\frac{T_A^*}{T_B^*}\right)^{\frac{c_V}{R}} \tag{6.8}$$

Rearranjando-se os termos V_3 e V_4 em 6.7 a partir de 6.4 e 6.8, temos o trabalho da etapa 3 escrito em função de parâmetros do problema:

$$_3W_{\theta,r} = n \cdot R \cdot T_B^* \cdot \ln\left(\frac{V_2^*}{V_1^*}\right) \tag{6.9}$$

De maneira similar à primeira etapa, a temperatura é mantida constante, em T_B^*, por meio do contato com um sorvedouro frio. Portanto, não há variação da energia interna do sistema, $U(T_B^*) \equiv U(T_B^*) \rightarrow \Delta U = 0$, e, pela Primeira Lei, temos que o calor perdido pelo sistema para o sorvedouro frio vale:

$${}_3Q_r = -n \cdot R \cdot T_B^* \cdot \ln\left(\frac{V_2^*}{V_1^*}\right) \tag{6.10}$$

(4) Quarta etapa – *uma compressão adiabática reversível*. A etapa final consiste em fazer o sistema retornar a (p_1^*, V_1^*, T_A^*) a partir de (p_4, V_4, T_B^*) por meio de uma compressão adiabática. Portanto, duas coisas já sabemos de antemão dessa etapa: (a) o calor trocado é zero; e (b) o trabalho realizado pelo entorno no sistema é igual ao realizado pelo sistema no entorno na etapa 2.

O item (a) é óbvio. Mas como já sabemos o item (b)? Por um motivo simples, mas não necessariamente óbvio à primeira vista. Como a energia interna é uma função somente da temperatura (dado que não temos variação da quantidade de matéria), então a variação de energia interna para irmos de T_A^* para T_B^* na etapa 2 é a mesma (com sinal oposto) para irmos de T_B^* para T_A^* na etapa 4:

$$\Delta U(T_A^* \rightarrow T_B^*) \equiv -\Delta U(T_B^* \rightarrow T_A^*)$$

Ou seja, aos olhos do sistema, as etapas adiabáticas reversíveis funcionam como se o sistema percorresse o trajeto 2 e retornasse sobre o próprio 2 (ou ida e volta pelo 4). Mas isso é para as etapas adiabáticas, não para as isotérmicas. Assim, o trabalho é:

$${}_4W_{\alpha,r} = n \cdot c_V \cdot T_B^* \cdot \left[\left(\frac{V_4}{V_1^*}\right)^{\frac{R}{c_V}} - 1\right] \tag{6.11}$$

Inserindo-se 6.8 em 6.11 e fazendo-se os necessários arranjos, temos:

$${}_4W_{\alpha,r} = n \cdot c_V \cdot \left(T_A^* - T_B^*\right) \tag{6.12}$$

A qual é 6.5 com o sinal trocado, como esperávamos de antemão, e:

$${}_4Q = 0 \tag{6.13}$$

Fechamos, então, o ciclo, e o sistema retornou ao seu ponto de início.

Faremos, agora, o balanço de energia (Primeira Lei) e de entropia. Coisas interessantes surgirão.

Como voltou-se ao ponto inicial, a função de estado energia interna tem variação nula. Assim:

$$\Delta U = 0 = \sum{}_i Q - \sum{}_j W \tag{6.14}$$

Para facilidade de notação, omitiremos as características referentes a cada etapa. Fazendo-se as somas em 6.14, por meio das equações descritas em cada etapa, temos o seguinte:

$$\sum{}_i Q = Q_A + 0 + Q_B + 0 \tag{6.15a}$$

$$\sum{}_j W = W_1 + W_2 + W_3 + W_4 \tag{6.15b}$$

Note que já consideramos o calor das etapas 2 e 4 como nulo, em 6.15a, e chamamos o calor da etapa 1 de Q_A e o da etapa 3 de Q_B. Como $W_2 = -W_4$, chamaremos $W_1 + W_3 = W_{carnot}$, sendo este o trabalho líquido obtido no ciclo (lembrando, por 6.14, que a soma do calor deve ser igual à soma do trabalho):

$$W_{carnot} = n \cdot R \cdot \left(T_B^* - T_A^*\right) \cdot \ln\left(\frac{V_2^*}{V_1^*}\right) \tag{6.16}$$

A partir de como as etapas foram delineadas, é fácil vermos a seguinte igualdade, a qual, em última instância, é a Primeira Lei:

$$Q_A = Q_B + W_{carnot} \tag{6.17}$$

O que se está dizendo é que energia foi transferida da fonte quente para o sorvedouro frio e para "trabalho", como a elevação de uma massa num campo gravitacional. Note que o sistema foi um mero intermediário que nada cobrou nessa transferência. Toda a variação de energia é localizável no entorno. É como se nosso sistema tivesse sido uma corda numa roldana, permitindo que a "queda de Q_A" elevasse a "massa W_{carnot}". Entretanto, há algo que pode chamar a atenção do leitor: uma massa m_1 que desce de um lado da roldana Δz_1 unidades de distância eleva outra massa m_2 por uma distância proporcional, ou seja, $m_1 \cdot \Delta z_1 = -m_2 \cdot \Delta z_2$. Contudo, nossa "queda de Q_A" não obteve a mesma "elevação de W_{carnot}": houve uma "perda" equivalente a Q_B (veja a equação 6.17).

Dessa maneira, ao passo que no caso das massas e roldana toda a energia perdida pela queda da massa 1 é recuperada na elevação da massa 2, no caso do nosso sistema nem toda a energia transferida foi recuperada na forma de trabalho. Assim, se definirmos eficiência η como razão entre a energia obtida e a energia perdida, no caso da roldana temos eficiência de 1 (100%). No caso do nosso sistema:

$$\eta_{carnot} = \frac{W_{carnot}}{Q_A} = \frac{T_A - T_B}{T_A} < 1 \tag{6.18}$$

É possível se provar que *a eficiência num ciclo de Carnot é a eficiência máxima que se obtém numa transferência de calor entre uma fonte quente para um sorvedouro frio*. Não faremos isso aqui, pois o leitor pode encontrar esse tipo de demonstração em vários ótimos livros-texto,[1] mas desenvolveremos dois casos-exemplo mais adiante. O que nos preocupa, agora, é entender o que está por trás de a η_{carnot} ser a máxima possível.

Como foi dito poucas linhas antes, a eficiência da roldana com as massas foi 1 (100%), ao passo que η_{carnot} é menor que 1. Como ficamos, então? Note que, no entanto, nosso sistema já completou o ciclo e está pronto para uma nova rodada, e nossas massas na roldana ainda não. Para completar o ciclo, é preciso levar m_1 para cima, para sua posição original no campo gravitacional. O leitor pode escolher variações sobre o mesmo tema, mas, em essência, o que se irá fazer é trazer m_2 de volta para baixo. Ou seja, ao completarmos o ciclo com as massas e roldana, *nenhum trabalho líquido foi obtido*. Agora, a eficiência é nula. Ou seja, para se obter trabalho líquido realizado,

1 Por exemplo, Atkins, *Physical Chemistry*, e Baierlein, *Thermal Physics*.

tem que haver uma concomitante (*ou correspondente*) transferência de energia de uma fonte quente para um sorvedouro frio, e, portanto, nem toda a energia oferecida na entrada será obtida na saída como trabalho. Parte vai para o sorvedouro.

Por que o ciclo de Carnot é o que tem eficiência máxima (ao mesmo tempo que obtém trabalho líquido realizado)? Porque todas as etapas são feitas de modo reversível, por meio daquelas mudanças infinitesimais que discutimos no capítulo 3. Então, isso significa que, tanto para o sistema quanto para o entorno, tudo se passa como se nada tivesse se passado: tudo pode voltar no sentido oposto, sem qualquer impedimento, sem qualquer impossibilidade. Claro, é por isso que tal ciclo é um ciclo de características intangíveis no mundo real, mundo esse no qual as mudanças nunca podem ter características infinitesimais, pois ocorrem em tempo finito e em sistemas de tamanho finito. Mas não é isso que nos importa agora. O que importa é examinar o que dissemos: tudo se passa como se nada tivesse se passado. Se isso é verdade, então a entropia do sistema e do entorno não pode ter variado.

A entropia do sistema não variou, obviamente, uma vez que este retornou ao seu estado inicial no que se refere a pressão, volume e temperatura. Logo, não há nada que se possa reconhecer como tendo variado. E no entorno? Afinal, houve transferência de energia na forma de calor, Q_A e Q_B. Fazendo as variações de entropia correspondentes, temos:

$$\Delta S_A = -\frac{Q_A}{T_A^*} = -\frac{n \cdot R \cdot T_A^*}{T_A^*} \cdot \ln\left(\frac{V_2^*}{V_1^*}\right) = n \cdot R \cdot \ln\left(\frac{V_1^*}{V_2^*}\right) \tag{6.19a}$$

$$\Delta S_B = -\frac{Q_B}{T_B^*} = -\frac{-n \cdot R \cdot T_B^*}{T_B^*} \cdot \ln\left(\frac{V_2^*}{V_1^*}\right) = n \cdot R \cdot \ln\left(\frac{V_2^*}{V_1^*}\right) \tag{6.19b}$$

Note que colocamos um sinal de menos antes de cada termo de calor, pois estamos vendo, agora, as coisas pelo lado do entorno, ao passo que, antes, escrevemos pelo ponto de vista do sistema. É fácil notar que $\Delta S_A = -\Delta S_B$, e que, portanto, *no entorno, não houve, também, variação líquida de entropia no ciclo*.

Sem nos alongarmos muito mais, o conjunto de ideias aqui é o seguinte. O ciclo de Carnot oferece uma perspectiva de o que um sistema ideal poderia vir a obter como trabalho líquido máximo na transferência de certa quantidade de energia. Isso seria conseguido sem que houvesse variação de entropia tanto no sistema quanto no entorno, em processos completamente reversíveis. Contudo, o ciclo está aí para nos lembrar que a obtenção de trabalho líquido implica uma parte da energia ser deixada, como "depósito a fundo perdido", num sorvedouro frio.

Colocando-se, então, a finitude da fonte quente e do sorvedouro frio, o depósito a fundo perdido implica que, a partir de certo montante transferido, as temperaturas dos reservatórios se igualam e não mais é possível obtermos trabalho útil líquido. Esse seria o fim termodinâmico do Universo, ficando tudo a uma temperatura homogênea fria e sem mais a possibilidade de obtenção de trabalho.

Vamos examinar, agora, dois casos a título de exercício e ilustração.

Um ciclo reversível, mas não de Carnot

Vamos examinar, primeiramente, um ciclo com todas as etapas reversíveis, porém sem ser um ciclo de Carnot. Chamá-lo-emos, para simplificar, de ciclo não Carnot. Esse ciclo não deve ser tomado como único ou mesmo como especial. É apenas um ciclo para nos exercitarmos e ilustrarmos certas características dos processos. Nosso ciclo não Carnot está ilustrado na Figura 6.2. Apenas para manter uma diferenciação de nomenclatura em relação ao ciclo de Carnot, os calores e trabalhos serão referidos pelo número da etapa correspondente, e não por "A" ou "B".

Construiremos este ciclo não Carnot da seguinte maneira: as etapas de expansão isotérmica e adiabática são as mesmas de um ciclo de Carnot (etapas 1 e 2). Existe uma fase de compressão isotérmica (etapa 3'), a qual, contudo, não leva o sistema até o volume V_4. Essa expansão isotérmica é interrompida em um volume V_{4a} maior que o volume V_4 do ciclo de Carnot, e o sistema sofre uma

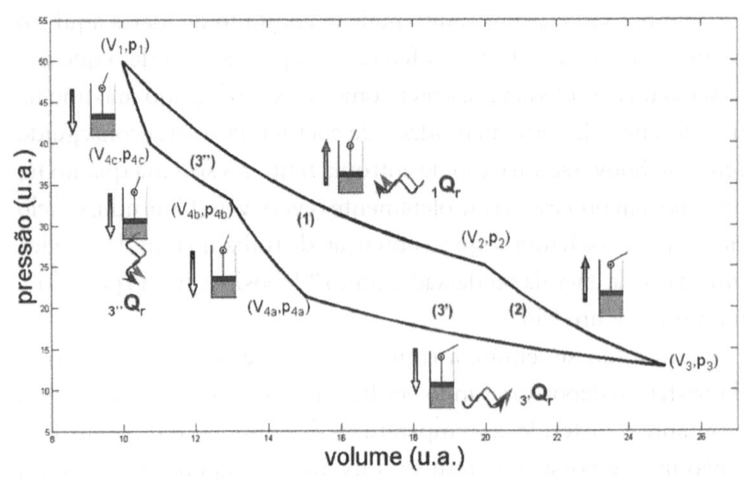

Figura 6.2. Diagrama pressão *versus* volume do ciclo reversível não Carnot descrito no texto.

compressão adiabática até um outro volume V_{4b}, atingindo uma temperatura intermediária T_I entre T_B e T_A. Segue-se, então, uma segunda compressão isotérmica (etapa 3''), agora a T_I, até se atingir o volume V_{4c} a uma pressão p_{4c}, sendo que o par (V_{4c}, p_{4c}) se encontra sobre a linha de compressão adiabática do ciclo de Carnot. Note que não numeramos as etapas de compressão adiabática, pela razão que será explicada adiante. Portanto, pedimos atenção do leitor para não se confundir na numeração das etapas em relação ao ciclo de Carnot.

As etapas 1 e 2 são idênticas ao ciclo de Carnot, e representam o trabalho expansivo realizado (note, não é o trabalho líquido obtido, como já discutimos anteriormente) e o calor que entra no sistema. Contudo, como vimos no ciclo de Carnot, o retorno (compressão) adiabático é "cego" quanto ao local do plano onde este se dê, uma vez que a mudança de energia interna dessas mudanças está relacionada somente à mudança de temperatura sofrida. Portanto, as etapas de expansão e compressão adiabáticas irão se anular, como no caso do ciclo de Carnot, independentemente dos locais nos quais elas ocorram no plano p *versus* V e do número de subdivisões que se faça no procedimento. É por essa razão que o trabalho líquido obtido no ciclo de Carnot se reduz à diferença entre a energia por calor que entrou na etapa 1 e a que saiu na etapa 3.

De maneira semelhante, temos que o trabalho útil obtido em nosso ciclo não Carnot será a diferença entre o calor da etapa 1 (o qual é o mesmo já calculado para o ciclo de Carnot) e os calores das etapas 3' e 3''. Logo, se a seguinte desigualdade em relação à etapa 3 do ciclo de Carnot ocorrer, então o nosso ciclo não Carnot terá uma eficiência menor, já que o trabalho líquido diminuiu, mas o calor que entrou no sistema permanece o mesmo:

$$Q_{3'} + Q_{3''} > Q_B \tag{6.20}$$

Após fazermos uma verificação quanto à desigualdade (6.20), iremos verificar o que ocorre com a entropia. Assim, de maneira rápida, encontramos os calores $Q_{3'}$ e $Q_{3''}$, pois já sabemos como calculá-los (basta seguirmos o raciocínio visto no ciclo de Carnot):

$$Q_{3'} = -n \cdot R \cdot T_B^* \cdot \ln\left[\frac{V_2^*}{V_{4a}^*} \cdot \left(\frac{T_A^*}{T_B^*}\right)^{\frac{c_V}{R}}\right] \tag{6.21a}$$

$$Q_{3''} = -n \cdot R \cdot T_I^* \cdot \ln\left[\frac{V_{4a}^*}{V_1^*} \cdot \left(\frac{T_B^*}{T_A^*}\right)^{\frac{c_V}{R}}\right] \tag{6.21b}$$

Note que deixamos os asteriscos para ressaltar os parâmetros do processo. Ainda, para chegarmos à equação 6.21b, utilizamos as seguintes relações que se impõem entre os volumes:

$$V_{4b} = V_{4a}^* \cdot \left(\frac{T_B^*}{T_I^*}\right)^{\frac{c_V}{R}} \text{ e } V_{4c} = V_1^* \cdot \left(\frac{T_A^*}{T_I^*}\right)^{\frac{c_V}{R}}$$

Se examinarmos 6.20 por meio da diferença $Q_B - Q_{3''}$, que são etapas que caem sobre a mesma isoterma, obtemos o seguinte valor:

$$Q_B - Q_{3'} = -n \cdot R \cdot T_B^* \cdot \ln\left[\frac{V_{4a}^*}{V_1^*} \cdot \left(\frac{T_B^*}{T_A^*}\right)^{\frac{c_V}{R}}\right] \quad (6.22)$$

o qual representa um valor absoluto menor que o calor $Q_{3''}$ (veja equação 6.21b), uma vez que $T_I^* > T_B^*$. O motivo de tal diferença é que, ao se fazer uma compressão a uma temperatura maior (i.e., T_I^*), a energia que deve ser fornecida na forma de trabalho é maior e, portanto, o calor que deixa o sistema para manter-se a isotermia também é maior. Como o trabalho expansivo e o calor fornecido foram os mesmos, então a eficiência diminui.

Portanto, o ciclo de Carnot é composto pela compressão isotérmica à menor temperatura possível dentro do aparato disponível.

Para terminar esta seção, vamos contabilizar a variação de entropia. Seguindo a nomenclatura estabelecida, temos:

$$\Delta S_{3'} = -\frac{Q_{3'}}{T_B^*} = n \cdot R \cdot \ln\left[\frac{V_2^*}{V_{4a}^*} \cdot \left(\frac{T_A^*}{T_B^*}\right)^{\frac{c_V}{R}}\right] \quad (6.23a)$$

$$\Delta S_{3''} = -\frac{Q_{3''}}{T_I^*} = n \cdot R \cdot \ln\left[\frac{V_{4a}^*}{V_1^*} \cdot \left(\frac{T_B^*}{T_A^*}\right)^{\frac{c_V}{R}}\right] \quad (6.23b)$$

A soma dessas entropias resulta no mesmo valor calculado para ΔS_B do ciclo de Carnot (ver equação 6.19b). Como a primeira parte do ciclo não Carnot montado é idêntica ao Ciclo de Carnot, então concluímos que não há variação de entropia também nesse ciclo.

Um ciclo irreversível

Iremos examinar, agora, um ciclo no qual impomos uma etapa irreversível. O ciclo de nosso exemplo se encontra ilustrado na Figura 6.3. Neste ciclo, mantivemos as etapas 1 e 2 idênticas ao ciclo de Carnot. A etapa 3 ainda continua a ser uma compressão isotérmica reversível. Contudo, em vez de pararmos a compressão no volume V_4, levamos o sistema até o volume inicial V_1 nessa compressão. Dessa maneira, para retornar ao ponto inicial, é necessário que se aumente a pressão do sistema *sem variar o volume*. Isso será feito por meio da entrada de uma quantidade de energia na forma de calor devido à diferença de temperatura entre o sistema à T_B^* e a fonte quente à T_A^*, ou seja, impusemos uma diferença finita e mensurável de temperatura. Chamaremos essa quantidade de calor de Q_a. Note, ainda, que, *em relação ao ciclo de Carnot*, existe uma quantidade extra de calor que deixa o sistema durante a compressão isotérmica. Chamaremos esse calor extra de Q_e. Existe, também, um "volume extra" que surge na compressão isotérmica. Logo, nosso problema é saber se

$$Q_A + Q_B = W_{carnot} > (Q_A + Q_a) + (Q_B + Q_e) = W_{\sim r}$$

ou seja, se os novos calores que surgem no ciclo tornam o trabalho líquido não reversível $W_{\sim r}$ obtido menor que o trabalho líquido obtido no ciclo de Carnot. Note que utilizamos somente sinais "+", pois os valores negativos serão colocados diretamente na conta a ser feita. Mais ainda, queremos saber como ficarão a eficiência e o balanço de entropia.

Comecemos com o calor extra que surge na compressão isotérmica. Essa quantidade corresponde a uma compressão levando de nosso V_4 do ciclo de Carnot até V_1. Assim, temos:

$$Q_e = -n \cdot R \cdot T_B^* \cdot \ln\left(\frac{V_4}{V_1^*}\right) = -n \cdot c_V \cdot T_B^* \cdot \ln\left(\frac{T_A^*}{T_B^*}\right) \quad (6.23)$$

O calor colocado no sistema para levar este até a pressão inicial p_1^* de maneira isovolumétrica (isocórica) é dado por:

$$Q_a = n \cdot c_V \cdot \left(T_A^* - T_B^*\right) \quad (6.24)$$

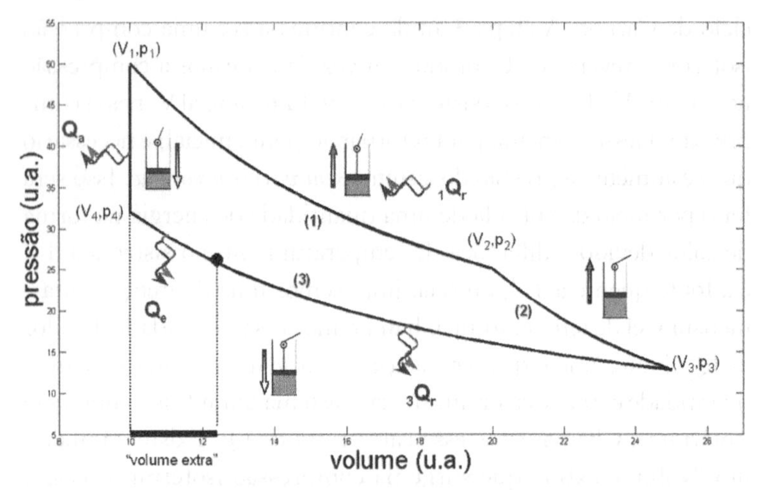

Figura 6.3. Diagrama pressão *versus* volume para o ciclo não reversível descrito no texto. Note a presença de Q_e, Q_a e o "volume extra" que surgem nesse ciclo. O círculo cheio sobre a etapa 3 marca o ponto (V_4,p_4) no ciclo de Carnot (Figura 6.1).

Contudo, verificamos que essa quantidade de energia corresponde ao trabalho adiabático realizado pelo sistema (ver equação 3.3.2b), ou seja, $Q_a = -W_2$. Mais ainda, na etapa 4, quando retornamos para V_1^* de maneira isovolumétrica, o trabalho realizado é zero (i.e., $W_4 = 0$). Assim, no balanço de energia interna, temos:

$$\Delta U = 0 = Q_A + Q_B + Q_e + \cancel{Q_a} + W_1 + \cancel{W_2} + W_3 + \cancel{W_4}$$

Os termos que se anulam ou são nulos foram riscados. Tomando-se as trocas de energia em valores absolutos, fica-se com o seguinte:

$$|W_1 + W_3| = W_{\sim r} = Q_A - |(Q_B + Q_e)| < Q_A - |Q_B| = W_{carnot} \quad (6.25)$$

Assim, o trabalho líquido obtido é menor que o trabalho obtido no ciclo de Carnot. A eficiência do nosso ciclo não reversível é, também, menor que a do ciclo reversível de Carnot, uma vez que o numerador é menor e o denominador é maior na razão entre energia de entrada e trabalho obtido:

$$\eta_{\sim carnot} = \frac{W_{\sim r}}{Q_A + Q_a} < \frac{W_{carnot}}{Q_A} \qquad (6.26)$$

Finalmente, considerando-se a variação de entropia, sabemos que as entropias relativas aos calores A e B se anulam. Portanto, basta examinarmos o que ocorre em relação às entropias relativas a Q_e e Q_a:

$$\Delta S_a = -\frac{Q_a}{T_A^*} = n \cdot c_V \cdot \left(\frac{T_B^*}{T_A^*} - 1 \right) \qquad (6.27a)$$

$$\Delta S_e = -\frac{Q_e}{T_B^*} = n \cdot c_V \cdot \ln\left(\frac{T_A^*}{T_B^*} \right) \qquad (6.27b)$$

Note que dividimos o calor Q_a pela temperatura alta T_A^*, pois impusemos que haveria uma irreversibilidade dada por uma troca devido a uma diferença mensurável de temperatura, levando o sistema da temperatura baixa para a alta. Logo, Q_a foi transferido a partir da fonte quente. Note, ainda, que colocamos sinais de menos antes dos calores, pois estamos interessados na entropia do entorno, como fizemos anteriormente. Portanto, a soma das variações de entropia resulta em:

$$\Delta S_e + \Delta S_a = n \cdot c_V \cdot \left[\ln\left(\frac{T_A^*}{T_B^*} \right) + \frac{T_B^*}{T_A^*} - 1 \right] \qquad (6.27c)$$

a qual, como o leitor pode verificar, é sempre positiva. Mais ainda, quanto maior for a diferença entre T_A^* e T_B^*, maior será a variação de entropia resultante. Logo, temos agora um caso diferente dos anteriores, pois existe variação líquida positiva de entropia no entorno. Isso é a irreversibilidade, a qual iremos retomar mais adiante.

Conclusões sobre os ciclos

Os exemplos montados e o ciclo de Carnot apresentado permitem que examinemos vários aspectos da termodinâmica que foram discutidos em outros capítulos, mas, agora, de forma mais integrada. Assim, por exemplo, o fato de o trabalho reversível ser máximo fica exemplificado quando fazemos as contas referentes ao ciclo irreversível montado e comparado aos casos reversíveis. Isso era o esperado.

Um outro aspecto interessante diz respeito à entropia diretamente. O ciclo reversível não Carnot ocorre sem que se tenha eficiência máxima, mas, da mesma maneira que o ciclo de Carnot, não há variação de entropia no geral. Ou seja, é preciso que *não se associe* "mínima variação de entropia" com "máxima eficiência". Vimos dois ciclos que têm variação nula de entropia, mas apenas um deles, o de Carnot, tem a máxima eficiência.

Os dois ciclos reversíveis não produzem variação de entropia. Logo, um modo bastante interessante de se pensar a entropia é a sua ausência de variação em ciclos reversíveis. Ou, em outras palavras, a variação nula da entropia está associada à reversibilidade dos processos envolvidos no ciclo.

No entanto, há algumas outras considerações a serem feitas. Talvez de cunho filosófico ou metafísico, mas, de qualquer maneira, interessantes. Caso só se tenha uma parte do ciclo, por exemplo, as expansões isotérmica e adiabática, até esse ponto houve variação de entropia. De fato, há um aumento de entropia no sistema e uma diminuição no entorno. Pode-se considerar esse processo como espontâneo? Como vimos nos capítulos 4 e 5, a marca da espontaneidade é o aumento da entropia. E o que dizer, então, das fases de compressão? Agora, o aumento de entropia se dá no entorno, e o balanço total tanto no entorno quanto no sistema é nulo. Há espontaneidade? Bem, não temos uma resposta a essas perguntas. O que nos aventuramos a dizer é que, na medida em que se pode considerar um processo *elaborado para ocorrer à custa de variações infinitesimais* como espontâneo, pode-se dizer que há espontaneidade. Note, no entanto, que enfatizamos o termo *elaborado*, e, como dissemos, são colocações que beiram a metafísica ou coisa que o valha. Não vamos prosseguir no assunto, aqui.

O que talvez ainda valha a pena insistir é nos conceitos apresentados nos capítulos 4 e 5, ou seja, a possibilidade de se "separar" a entropia (ou a variação de energia livre, ou o calor) em um componente reversível e um componente irreversível. Talvez diante do componente reversível tenhamos dificuldade em falar da espontaneidade de um processo. Afinal, são mudanças elaboradas para serem "rodadas de trás para a frente" sem deixar marcas no sistema e no entorno. Logo, o próprio conceito de espontaneidade pode ter um caráter duvidoso nessas condições. Por outro lado, ao se examinar o componente irreversível, a espontaneidade de um processo fica dada.

Ainda dentro de nossas considerações metafísicas, poderíamos perguntar o que significa reversibilidade em trocas de calor. Por suposição, temos dois compartimentos colocados em contato térmico, os quais diferem por um infinitesimal dT. No entanto, a temperatura diz respeito a uma energia cinética média das partículas, e, dessa maneira, existe uma flutuação de "temperatura" nas partes de um compartimento, incluindo, aí, suas fronteiras. Essa flutuação é de caráter estatístico, dependendo da energia cinética média das partículas numa determinada região num dado momento. Assim, para qualquer valor escolhido de diferença de temperatura, existe sempre a possibilidade de que, em dado momento, o valor da diferença seja suplantado pela flutuação e a troca se inverta. Essa probabilidade aumenta quanto menor for a diferença estipulada, o que nos leva à seguinte conclusão: *é impossível criar uma diferença infinitesimalmente pequena de temperatura, de maneira arbitrária, de modo a se obter uma troca direcionada de calor*. Em última instância, é disso que trata o Demônio de Maxwell, o qual encontraremos na parte III. Portanto, falar em um processo reversível de troca de energia na forma de calor já é, por natureza, algo abstrato e idealizado. Mais ainda, como pressão tem as mesmas características de temperatura, ou seja, pressão depende da troca de momento entre as partículas e as paredes do sistema, e, portanto, da velocidade média das partículas, então flutuações de pressão também existem e irão impedir a imposição arbitrária de valores infinitesimalmente diferentes de pressão entre dois compartimentos. Logo, trabalho reversível também é de natureza abstrata e idealizada. Isso nos dá a dimensão da discussão sobre espontaneidade de um processo reversível. Também nos leva de volta à afirmativa de que as leis físicas macroscópicas são leis de caráter estatístico.

Porque $\delta q_r/T$ é uma função de estado

Uma abordagem por ciclos

Vamos, agora, finalizar algumas discussões iniciadas quando falamos sobre calor, diferenciais exatos e entropia. Argumentamos que, se a única fonte de variação na energia interna de um sistema fosse por calor, deveríamos ter um diferencial exato, mesmo que calor seja uma função dependente do caminho. Precisávamos, então, de uma variável extensiva, que fosse uma função de estado, que pudesse ser associada à variável intensiva temperatura de modo a representar a variação da energia interna. Tal variável é a entropia. Aqui vamos rever esse conceito para mostrar, por meio de um ciclo de Carnot, que a função $\delta q_r/T$ é, realmente, a função procurada.

Retomando as equações 6.17 e 6.18, temos as seguintes igualdades:

$$\eta_{carnot} = \frac{W_{carnot}}{Q_A} = \frac{Q_A - Q_B}{Q_A} = 1 - \frac{Q_B}{Q_A} = 1 - \frac{T_B}{T_A} \qquad (6.28)$$

Assim, uma vez que a eficiência de duas máquinas de Carnot operando entre as mesmas temperaturas é sempre a mesma, independentemente de qualquer outro fator, a equação 6.28 nos permite criar uma escala de temperatura absoluta, como já o notava William Thomson (lorde Kelvin) em 1854:[2]

$$\frac{Q_B}{Q_A} = \frac{T_B}{T_A} \qquad (6.29)$$

Define-se, dessa forma, uma *razão* entre temperaturas. Essa razão se relaciona, de maneira unívoca, à razão da energia trocada na forma

2 Ver Dugdale, *Entropy and its physical meaning.*

de calor e, portanto, se torna independente do termômetro utilizado. Uma vez fixado um valor de referência, o restante da escala pode ser construído a partir da energia trocada e definida como unidade. Na escala absoluta, o valor de referência foi *definido* como 273,16 K, em 1954. Note, agora, que a equação 6.29 pode ser escrita como:

$$\frac{-Q_B}{T_B} + \frac{Q_A}{T_A} = 0 \qquad (6.30)$$

Nessa equação, colocamos um sinal de menos antes de Q_B apenas para nos lembrarmos que essa é uma quantidade de energia que deixa o sistema. Assim, podemos escrever, de maneira generalizada, para ciclos de Carnot:

$$\sum \frac{\delta q_r}{T} = 0$$

E, portanto, a quantidade $\delta q_r/T$ *tem um significado físico real.* Uma vez que a sua soma, no ciclo, é nula, significa que ela representa uma função de estado, pois não depende de caminho. *Essa função é a nossa conhecida entropia, no sentido termodinâmico.* Ou seja, por meio de ciclos Carnot, obtemos uma definição de caráter físico para uma função de estado.

Uma formulação alternativa para a Primeira Lei e um exercício

Finalizamos com um retorno à Primeira Lei, reescrevendo-a de uma maneira um pouco diferente.[3] Temos, de maneira geral, as seguintes igualdades:

$$\delta w = p \cdot dV \qquad \text{(equação 3.3.2b)}$$

$$dU = n \cdot c_V \cdot dT \qquad \text{(equação 3.2.6)}$$

$$\delta q = T \cdot dS \qquad \text{(equação 5.5)}$$

3 Dugdale, *Entropy and its physical meaning.*

Pela Primeira Lei, a variação de energia interna é dada pela diferença entre o calor recebido e o trabalho realizado. Assim, vamos deixar o calor isolado à esquerda e dividiremos tudo pela temperatura T, obtendo:

$$dS = n \cdot c_V \cdot \frac{dT}{T} + \frac{p}{T} \cdot dV \tag{6.31a}$$

Utilizando a equação de estado de um gás ideal ($p \cdot V = n \cdot R \cdot T$), reescrevemos a pressão de modo a ficarmos com:

$$dS = n \cdot \left(c_V \cdot \frac{dT}{T} + R \cdot \frac{dV}{V} \right) \tag{6.31b}$$

O leitor deve se lembrar como insistimos no fato de que tanto calor (por sua definição mecânica) quanto entropia (em decorrência de sua relação com calor) podem ser considerados como um potencial "volume extra" que surge (ou surgiria) em um dado processo (ver discussões sobre a Figura 3.6 e a obtenção da equação 4.1.5b). Agora, formalizamos um pouco mais esse fato. Assim, *a equação 6.31b nos mostra que a entropia pode ser alterada por meio de mudanças de temperatura* e *por mudanças de volume*. Ou seja, a entropia não tem suas variações relacionadas somente a "calor", como muitos tendem a se deixar enganar (ver discussão a esse respeito apresentada por Kozliak,[4] indicado nas leituras complementares).

Vamos passar ao único exercício que propomos neste livro: *utilizando a equação 6.31b, prove que uma expansão (contração) adiabática de um gás ideal tem variação nula de entropia.* Dicas:

(a) a equação 3.3.1 introduziu o termo γ: $p \cdot V^{\gamma}$ = constante;

(b) $\gamma = \dfrac{c_V + R}{c_V}$;

4 Kozliak, Introduction of entropy via the Boltzmann distribution in undergraduate Physical Chemistry, *Journal of Chemical Education*, 81, p.1595-8.

(c) $\int_1^2 \frac{dx}{x} = \ln\left(\frac{x_2}{x_1}\right)$;

(d) $\log\left(\frac{x_1}{x_2}\right) = -\log\left(\frac{x_2}{x_1}\right)$;

(e) $\log\left(x^y\right) = y \cdot \log(x)$

Apresentamos, abaixo, a solução.

Passo 1. Rearranjamos os termos da equação 3.3.1 e substituímos p:

$$\frac{V^\gamma}{V} = \frac{\text{constante}}{n \cdot R \cdot T} = V^{\gamma-1}$$

Passo 2. Utilizamos K = constante · (n · R)$^{-1}$ e escrevemos o volume como uma função da temperatura:

$$V = \left(\frac{K}{T}\right)^{\frac{1}{\gamma-1}}$$

Passo 3. Para obtermos a variação mensurável da entropia, integramos a equação 6.31b, utilizando a dica (c):

$$\int_1^2 dS = \Delta S = n \cdot \left(c_V \cdot \int_1^2 \frac{dT}{T} + R \cdot \int_1^2 \frac{dV}{V}\right) = n \cdot \left(c_V \cdot \ln\left(\frac{T_2}{T_1}\right) + R \cdot \ln\left(\frac{V_2}{V_1}\right)\right)$$

Passo 4. Colocamos o volume como função da temperatura, fazemos algumas pequenas manipulações algébricas (utilizando as dicas (d) e (e)) e colocamos em evidência os termos semelhantes:

$$\Delta S = n \cdot \frac{1}{\gamma - 1} \cdot \ln\left(\frac{T_2}{T_1}\right) \cdot \left(c_V \cdot (\gamma - 1) - R\right)$$

Passo 5. Finalmente, com a dica (b), analisamos o termo entre parênteses e obtemos:

$$\left(c_V \cdot (\gamma - 1) - R\right) = c_V \cdot \left(\frac{c_V + R}{c_V} - 1\right) - R = c_V + R - c_V - R = 0$$

Logo, a expansão (contração) adiabática de um gás ideal tem variação nula de entropia, como esperávamos que fosse. De outra perspectiva, temos que o aumento de volume como que compensa a queda de temperatura, deixando inalterada a entropia do sistema.

Parte II
Não equilíbrio

A parte I do livro abordou os aspectos mais básicos da Termodinâmica, seus fundamentos, de fato. Nela, vimos como a reversibilidade, ou mudança quase estática, tem um papel central nas questões mais clássicas. Ou seja, a Termodinâmica tem seus alicerces no equilíbrio do sistema. Tal é a importância disso que Peter Atkins termina seu livro de divulgação *Four laws that drive the Universe* enfatizando que "não toquei no ainda inseguro mundo da Termodinâmica de Não Equilíbrio, em que se tenta derivar leis relacionadas à taxa na qual um processo produz entropia à medida que ocorre".[1]

Não equilíbrio é o assunto de agora.

Do ponto de vista da história dos conceitos, Osanger, em 1931, parece ter sido um dos primeiros a fundamentar a Termodinâmica perto do equilíbrio,[2] e é por volta da década de 1940 que se iniciam as tentativas de sistematizar o estudo de processos fora do equilíbrio.[3] O conceito de geração de entropia surge como alvo de convergência dos estudos. De maneira simplificada, a geração de entropia é obtida

1 Atkins, *Four laws that drive the Universe*, p.123, tradução nossa.
2 Hill, *Free energy transduction and biochemical cycle kinetics*, p.30.
3 Ver prólogo de Nicolis & Prigogine, *Exploring complexity.*

a partir da entropia total numa separação linear entre a entropia oriunda dos processos que ocorrem de maneira reversível e aqueles relacionados às não reversibilidades presentes na mudança. Ou, de maneira similar, associando-se a variação total de entropia ao *fluxo* de entropia entre o entorno e o sistema e a um termo interno ao sistema.[4]

Durante certo tempo, utilizou-se a expressão "trabalho útil perdido" para se referir à geração de entropia.[5] Na verdade, ainda é bastante conveniente utilizarmos tal terminologia, como veremos, e, de fato, há três expressões que são, basicamente, equivalentes:

Trabalho útil perdido ≅ Geração de entropia ≅ Destruição de exergia

Como ressaltamos na apresentação do livro, não é nossa intenção ter um texto nem de caráter exaustivo nem básico de Termodinâmica. Nossa intenção é oferecer ao leitor uma apreciação por um lado crítica, por outro prática, de alguns dos conceitos que nos parecem relevantes para se ter um trânsito mais facilitado na área por parte de não especialistas. Assim, não iremos nos deter em apresentações de tópicos que hoje já formam enormes áreas de estudo, como a exergia.[6] Ficaremos num universo menos abrangente, mas no qual esperamos poder tratar de questões tangíveis para o leitor.

Antes de entrarmos em pontos mais específicos e detalhados, pensamos ser de interesse uma pequena digressão a respeito de um elemento geral e que, no fundo, é a raiz do que iremos discutir. Trata-se dos fenômenos ditos dissipativos, ou, simplesmente, *dissipação*.

Uma pergunta intrigante que a maioria de nós já se fez é, mais ou menos, a seguinte: se a Primeira Lei nos garante que *energia é sempre conservada*, então por que havemos de falar em "perdas de energia"

---

4 Ver, por exemplo, Glansdorff & Prigogine, *Strucutre, stabilité et fluctuations*, p.26, eq. 2.10-2.11.

5 Ver Sontag, Borgnakke & Van Wylen, *Fundamentos da Termodinâmica*, p.219; e Bejan, *Entropy generation minimization*, p.23.

6 Para isso, recomendamos que o leitor procure a literatura específica (por exemplo, Oliveira Jr., *Exergy*).

ou de "perda de trabalho"? Afinal, pela Primeira Lei, não pode haver essas perdas. Sob a óptica de energia, de fato não há perdas. Contudo, sob a óptica da Segunda Lei, nem toda a energia transferida num processo pode ser recuperada: isso é, em essência, o fato empírico de o calor somente fluir, espontaneamente, de uma fonte quente para um sorvedouro frio. Ou seja, existem transferências ou processos que, apesar de manterem a conservação de energia, não mantêm a *qualidade* desta, resultando em um tipo de energia à qual não se tem acesso para a obtenção de trabalho. Uma vez transferida para um sorvedouro frio, não há como recuperar a energia *sem que uma quantidade maior de energia seja colocada no processo* (exceto nas transferências reversíveis, como vimos quando tratamos do ciclo de Carnot, no capítulo 6, o que, na prática, é não realizável).

De maneira geral, essas transferências irreversíveis de energia podem ser denominadas *processos ou fenômenos dissipativos*.

Mas, então, voltamos à questão colocada: qual é a natureza dessa energia que, apesar de respeitar a Primeira Lei, não pode mais ser recuperada? O problema se encontra, essencialmente, na característica da cinética envolvida.

Quando falamos em *trabalho*, falamos em uma transferência de energia cinética que ocorre de maneira organizada no espaço, ou seja, trata-se de um movimento com direção e sentido especificados. Mesmo quando falamos na expansão de um volume, localmente cada componente da pressão age numa certa direção e sentido. É por isso que tratamos trabalho como sendo o produto de uma força por um certo deslocamento. No fundo, estamos fazendo afirmativas a respeito da organização espacial do movimento em questão.

O que ocorre quando há transferência de calor é diferente. Quando energia é transferida na forma de calor, *não há essa organização espacial do movimento*. Nas transações por calor, o movimento das moléculas não pode ser identificado com certa direção e sentido. Portanto, essa é a diferença essencial entre as transferências reversíveis de trabalho e os fenômenos dissipativos.

Grosso modo, trabalho é "unidimensional" e calor é "tridimensional". Dada a característica de movimento organizado que ocorre no trabalho, a inversão do sentido permite recuperar integralmente a energia transferida. Já no caso do calor, há a necessidade da inversão de movimentos aleatórios que se transmitem nas três dimensões do espaço. Isso resulta na qualidade da irreversibilidade de um processo dissipativo.

Portanto, os fenômenos dissipativos se tornam o cerne de problemas de otimização de transferências de energia, pois, quanto maior é a dissipação, maior é a quantidade de energia que foi tornada irrecuperável no processo. É esse o sentido da expressão "trabalho útil perdido", já apresentada. Além disso, como ressaltamos, a dissipação está ligada, em última instância, à transferência irreversível de energia, ou seja, quando se fala em dissipação se está falando, também, em aumento de entropia em algum local, seja no sistema seja no entorno. É nesse sentido que o estudo da geração de entropia se insere.

7
FLUXOS, FORÇAS E GERAÇÃO DE ENTROPIA

Como ressaltado, um dos pontos principais da Termodinâmica de processos fora do equilíbrio é a *geração de entropia*, a qual designaremos por σ:

$$\sigma = \sigma[S] = \frac{dS_{int}}{dt} \tag{7.1}$$

O subscrito "int" se refere aos processos que geram entropia no interior do sistema, por motivos que ficarão claros logo a seguir. Assim, 7.1 representa a taxa com que a entropia no interior do sistema varia ao longo do tempo. Como o texto tratará, basicamente, da geração de entropia, reservamos a letra σ sem nenhum outro complemento para nos referirmos a ela. Reproduzimos, então, o racional apresentado por Glansdorff & Prigogine para explicitar a origem da geração de entropia.[1]

Num processo reversível, temos:

$$dS_{total} = \frac{\partial q_r}{T} \tag{7.2a}$$

---

1 Glansdorff & Prigogine, *Strucutre, stabilité et fluctuations*, p.26.

Contudo, esse é, também, *o fluxo de entropia entre o sistema e o entorno* – dS_{flux}, devido ao fluxo de calor. Logo, se não há nenhum outro fenômeno que produza entropia no interior do sistema, a seguinte igualdade se impõe:

$$dS_{total} = dS_{flux} = \frac{\partial q_r}{T} \quad (7.2b)$$

Uma vez que a entropia total deve *se igualar* ao termo $\delta q_r/T$, ou *ser maior* que tal termo, então obtemos a seguinte composição de entropias:

$$dS_{int} = dS_{total} - \frac{\partial q_r}{T} \geq 0 \quad (7.2c)$$

Dessa maneira, as irreversibilidades de um processo se tornam ligadas aos fenômenos dissipativos internos ao sistema. A variação temporal dessas irreversibilidades internas, i.e., dS_{int}/dt, denomina-se *geração de entropia*.

Note, então, que, se não há geração de entropia, isto é, o processo ocorre sem que existam irreversibilidades internas, a variação de entropia dS_{total} *não é nula*; ela corresponde à transferência reversível de calor.

Num processo no qual há irreversibilidades, o sistema não é homogêneo no tempo e/ou no espaço. Há transferências ocorrendo em tempo finito e através de fronteiras finitas. Dessa maneira, identifica-se "Δ" em vez de "d". Tais variações finitas têm, como repercussão, a criação de fluxos não infinitesimais. São essas quantidades mensuráveis que se relacionam à geração de entropia. Designando-se uma força termodinâmica por X e um fluxo macroscópico por J, temos que existe uma associação entre certo tipo de força e certo tipo de fluxo. Mais detalhes sobre essa relação bilinear entre forças e fluxos podem ser encontrados em literatura específica, como de Groot & Mazur,[2] Glansdorff & Prigogine[3] ou Hill.[4]

2 Groot & Mazur, *Non-Equilibrium Thermodynamics*, capítulo 3.

3 Glansdorff & Prigogine, *Strucutre, stabilité et fluctuations*, capítulo 3.

4 Hill, *Free energy transduction and biochemical cycle kinetics*, capítulos 1 e 2.

Por exemplo, se X é uma diferença de potencial elétrico, o fluxo J associado é a corrente elétrica. Considere que um certo processo ocorra com várias irreversibilidades internas, cada uma associada a um certo tipo de fluxo. Assim, a geração de entropia é escrita como:

$$\sigma_{total} = \frac{1}{T} \sum X_i \cdot J_i \tag{7.3}$$

sendo que os subscritos "i" se referem aos diversos fluxos e forças presentes. Obviamente, se há somente um tipo de irreversibilidade no sistema, então σ é dada por, somente, um produto de força e fluxo. No exemplo citado, isso seria o produto voltagem · corrente. Note que a geração de entropia corresponde a tal produto dividido pela temperatura.

O leitor que conhece um pouco mais a respeito de circuitos elétricos já deve ter notado que, no exemplo, a geração de entropia é proporcional à *potência dissipada*. Isso se torna mais claro quando percebemos que o produto $X_i \cdot J_i$ corresponde a uma potência, isto é, tem unidades de energia · tempo^{-1}. Vamos, em breve, explorar um pouco mais esse fato essencial.

A região linear dos fluxos e das forças

Como ressaltamos desde o início do livro, não é nossa intenção apresentar um texto exaustivo nem um texto que possa substituir um livro básico de Termodinâmica. Nossa proposta é voltada para a discussão de aspectos que vão surgindo na área e que podem se tornar de difícil acesso a não especialistas, dificuldades estas que tornam, eventualmente, o entendimento do cerne das questões um tanto nebuloso. Com esse objetivo em vista, esta seção não irá tratar de várias facetas relacionadas às complicadas interações entre fluxos e forças, como a interação entre as diversas forças presentes num sistema fora do equilíbrio ou a disposição espacial de fluxos. Ao contrário, ficaremos restritos a uma problemática bem mais básica.

Nesse contexto mais restrito, surge a questão de por que a potência dissipada e, por conseguinte, a geração de entropia têm esse formato bilinear, ou seja, um produto de uma força termodinâmica por um fluxo dela resultante (ver equação 7.3):

potência dissipada $\propto \mathbf{X} \cdot \mathbf{J}$

A primeira coisa a se ter em mente é que tal resultado é fruto de observações empíricas. Contudo, é interessante analisarmos quais são os fatores envolvidos na concepção:

(a) em equilíbrio termodinâmico, a potência dissipada deve ser nula;
(b) em equilíbrio termodinâmico, as forças são nulas;
(c) um fluxo existe em decorrência de uma força;
(d) um fluxo de uma certa propriedade j (por exemplo, cargas elétricas) tende a extinguir a força associada a esse fluxo (por exemplo, a diferença de potencial elétrico);
(e) no equilíbrio termodinâmico, os fluxos são nulos.

A partir dessas constatações, a maneira mais simples de se escrever a relação entre um fluxo de uma propriedade j e a força a este associada é linear:

$$\frac{dj}{dt} = J_j = \frac{1}{r} \cdot X_j \tag{7.17}$$

sendo que 1/r se refere à condutância que o sistema em questão tem para a propriedade j, ou seja, r é a resistência imposta ao fluxo. Assim, de modo imediato, obtemos a formulação geral de fluxos como a corrente elétrica (Ohm), escoamento laminar (Hagen-Poiseuille), difusão (Fick), etc., como mostramos a seguir:

Corrente elétrica $\quad U = r \cdot i$

Escoamento laminar de fluido $\dot{V} = \frac{\pi \cdot raio^4}{8 \cdot \mu \cdot L} \cdot \Delta P$

Difusão $\dot{M} = \frac{A}{L} \cdot D \cdot \beta \cdot \Delta P$

Troca térmica por condução $\dot{Q} = \chi \cdot \Delta T$

Qual é a validade dessas aproximações lineares? Como ressaltam Groot & Mazur,[5] alguns fenômenos de transporte, como o de cargas elétricas e calor, permanecem lineares em condições bastante extremadas. Contudo, outros, como reações químicas, quase nunca obedecerão a relações de linearidade. Portanto, o que se tende a fazer é um tratamento linear, de modo semelhante ao que se faz em sistemas dinâmicos não lineares: trata-se o sistema não linear numa aproximação linear *ao redor de um ponto de equilíbrio*. Se a aproximação linear obtida for "boa", então essa aproximação mantém as propriedades do sistema não linear nas redondezas do equilíbrio. Nessas situações, a análise do sistema linearizado corresponde ao que se obteria do sistema original.[6]

Portanto, o foco inicial é o da aproximação linear. Existem argumentos a favor e contra a abordagem oferecida como base para justificar a linearização pretendida. Não nos aventuraremos nessas águas profundas, mas vamos delinear o racional por trás da aproximação.[7]

A ideia básica é que, numa região próxima ao equilíbrio termodinâmico, um sistema fora do equilíbrio apresenta as mesmas propriedades de estado de um sistema em equilíbrio. Dessa forma, localmente ao longo do sistema (lembre-se, como o sistema não está

5 Groot & Mazur, *Non-Equilibrium Thermodynamics*.

6 Maiores detalhes sobre sistemas dinâmicos podem ser encontrados em Monteiro, *Sistemas dinâmicos*.

7 O leitor interessado deve consultar Hill, *Free energy transduction and biochemical cycle kinetics*, capítulos 1 e 2, para uma discussão mais aprofundada, porém simples.

em equilíbrio, suas diferentes regiões não são homogêneas), as coisas se passam como se estivéssemos num pequeno sistema em equilíbrio. Por exemplo, localmente numa certa região de volume V_k, $p_k \cdot V_k = n_k \cdot R \cdot T_k$ é válido. Da mesma maneira, as regiões vizinhas à região k têm seu estado local descrito de modo semelhante. Dentro dessa perspectiva, a fronteira entre duas dessas regiões se assemelha a um sistema no qual as mudanças ocorrem de maneira infinitesimal. Ou seja, entre as regiões adjacentes, os processos ocorrem com características de reversibilidade, garantindo a aplicabilidade dos conceitos desenvolvidos para sistemas em equilíbrio.

Considere, por exemplo, duas regiões contíguas nas quais um fluxo de matéria é mantido. A Figura 7.1 ilustra o esquema. Assim, há uma diferença de potencial termodinâmico (uma força) instalada entre as extremidades do sistema que contém essas duas regiões. Entre elas, existe, portanto, uma diferença de concentração de matéria, a qual é mantida ao longo do tempo.

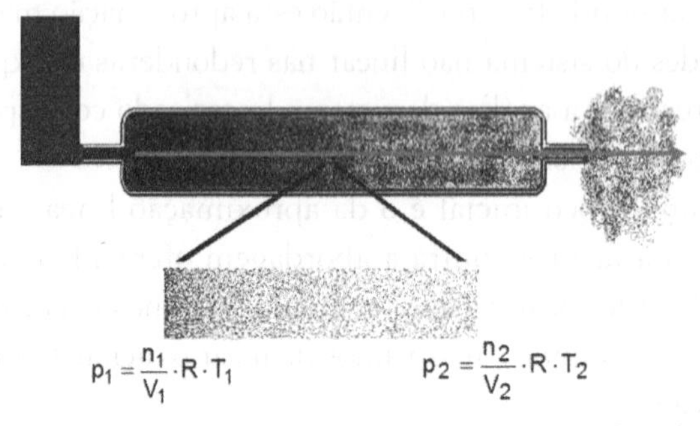

Figura 7.1. Representação esquemática de um sistema fora de equilíbrio termodinâmico. No esquema, vemos um reservatório de fluido (fonte de entalpia) que mantém uma diferença de potencial com o entorno, criando um fluxo macroscópico de escoamento (indicado pela seta). Ampliamos uma pequena região da tubulação por onde se dá o escoamento, obtendo um trecho com as regiões 1 e 2, com pressão $p_1 > p_2$. Localmente, as regiões 1 e 2 se comportam como um sistema em equilíbrio termodinâmico, e escrevemos suas pressões como a de um gás ideal. Com isso, obtém-se uma aproximação linear entre o fluxo e a diferença de pressão entre as regiões. Ver texto para detalhamento da explicação.

Se a região 1 é mais a jusante do potencial alto, e a região 2 é mais a montante, então o fluxo vai de 1 para 2, e temos:

$$p_1 = \frac{n_1}{V_1} \cdot R \cdot T_1 \tag{7.18a}$$

$$p_2 = \frac{n_2}{V_2} \cdot R \cdot T_2 \tag{7.18b}$$

Como nos propusemos a não tratar de interações entre forças, consideraremos $T_1 = T_2$. Assumindo a diferença de concentração citada anteriormente, $n_1/V_1 > n_2/V_2$, temos que a pressão em 1 é maior que a de 2, reproduzindo, localmente, a relação da força termodinâmica imposta. Como ocorre em um sistema que caminha para o equilíbrio, as concentrações tendem a se igualar, tornando o sistema homogêneo. O efeito global disso é a transferência líquida de matéria de 1 para 2, exatamente nos moldes previstos pela Segunda Lei. Ou seja, de modo semelhante a uma mistura tornando-se homogênea concomitante ao aumento da entropia no sistema, ocorre a passagem de matéria da região de maior concentração para a de menor. Contudo, devido à entrada e saída constantes, o sistema não caminha para um estado de equilíbrio termodinâmico, mas permanece numa condição de regime permanente, sem alterações das variáveis de estado ao longo do tempo, mesmo com a heterogeneidade espacial presente.

Qual é a quantidade de matéria transferida entre as regiões 1 e 2? Bem, uma vez que a passagem da região 1 para a 2 é relacionada à probabilidade de moléculas na região 1 se dirigirem à 2, e a passagem da região 2 para a 1 também é ditada por esse tipo de probabilidade, e tais probabilidades se expressam numa proporcionalidade com as quantidades presentes, então:

$$f_{1\to2} \propto \frac{n_1}{V_1}$$

$$f_{2\to1} \propto \frac{n_2}{V_2}$$

sendo que utilizamos f para indicar o fluxo, no caso, $f = \frac{dn}{dt}$.

Portanto, o fluxo líquido entre as regiões termina sendo proporcional à diferença entre as concentrações, e resulta nas seguintes proporcionalidades (a partir das equações 7.18):

$$f_{\text{líquido}} = \frac{dn}{dt} \propto \frac{n_1}{V_1} - \frac{n_2}{V_2} \propto p_1 - p_2 = \Delta P$$

Dessa maneira, *grosso modo*, temos uma relação linear entre o fluxo líquido no sistema e a diferença de força termodinâmica presente. No contexto de reações químicas, a breve discussão deste tipo de aproximação linear apresentada por Glansdorff & Prigogine[8] pode ser elucidativa no sentido que ressaltamos: estamos tratando de aproximações e linearizações.

Vamos escrever um termo generalizado de energia como sendo o produto de uma variável intensiva, uma força, e uma variável extensiva, a qual pode, portanto, ser relacionada a um fluxo:

$$\varepsilon = X \cdot j$$

Note que utilizamos "j" para indicar a variável extensiva, pois sua variação temporal, dj/dt, é o fluxo J. Assim, a variação temporal da energia é:

$$\frac{d\varepsilon}{dt} = X \cdot \frac{dj}{dt} + j \cdot \frac{dX}{dt} \qquad (7.19)$$

Considere que a variação temporal da força termodinâmica, dX/dt, seja imposta, externamente, ao sistema. Assim, localmente, no sistema, resta:

$$\left(\frac{d\varepsilon}{dt}\right)_{\text{local}} = X \cdot \frac{dj}{dt} = X \cdot J \qquad (7.20)$$

8 Glansdorff & Prigogine, *Strucutre, stabilité et fluctuations*, p.49-50.

Ou seja, o produto $X \cdot J$ resulta como termo de variação temporal de energia. Vimos, na seção anterior, que, na condição de regime permanente, a variação de energia corresponde à potência dissipada, o que nos dá uma justificação da relação entre potência dissipada e o produto do fluxo e força termodinâmica associada.

Cabe ressaltar que nossa intenção não foi provar ou demonstrar relações lineares entre forças e fluxos, tampouco provar ou demonstrar que a produção de entropia local, ou potência dissipada, tem o formato de um produto entre força e fluxo. Nossa ideia, aqui, foi apresentar ao leitor um conjunto de aproximações que tornam razoável assumirmos essas relações e aproximações.

8
Alguns aspectos aplicados à Biologia

Trabalho cardíaco: a função entalpia

A entalpia, H, é definida como a soma da energia interna com o produto pressão vezes volume:

$$H = U + p \cdot V \tag{8.1.1}$$

Talvez a primeira curiosidade que surja é "por que a letra H para entalpia?". Historicamente, a entalpia era a chamada *heat function*, ou seja, "função calor", e, daí, o símbolo H para essa função.[1] Para entender o motivo de essa função haver sido denominada de *heat function*, iremos examinar o que ocorre em um ciclo num dado sistema. A variação de H é:

$$\Delta H = \Delta U + \Delta(p \cdot V) = \Delta w + \Delta q + \Delta(p \cdot V) \tag{8.1.2}$$

Note, inicialmente, que, como H é uma soma de funções de estado, então a entalpia é, por sua vez, uma função de estado.[2]

1 Planck, *Treatise on Thermodynamics.*

2 As funções de estado foram discutidas no capítulo 3.

Portanto, a variação da entalpia é, meramente, a diferença entre os seus valores final e inicial. Com isso, decorre que a variação de entalpia em um ciclo é nula (pois o sistema retorna à sua condição inicial quando o ciclo se completa). Utilizando o símbolo $\oint$ para denotar a integral de uma dada função num ciclo completo, temos:

$$\oint H = \oint w + \oint q + \oint (p \cdot V) = 0 \qquad (8.1.3)$$

Como toda a expansão ocorrida durante uma fase do ciclo retorna durante a contração em uma fase seguinte, então o trabalho adiabático realizado é nulo ($\oint w_\alpha = 0$). Dessa maneira, por 8.1.3:

$$\oint (p \cdot V) = -\oint q \qquad (8.1.4a)$$

Note que o que resta em cada um dos lados da equação 8.1.4a é o trabalho isotérmico (w_θ) *realizado no entorno*, ou seja, o *trabalho externo ao sistema*, que surge à custa de troca de energia na forma de calor. Daí a designação de *heat function*:

$$\underbrace{\oint (p \cdot V)}_{\text{"heat function"}} = -\underbrace{\oint q}_{\text{heat}} = \underbrace{w_\theta}_{\text{externo}} \qquad (8.1.4b)$$

Contudo, a equação 8.1.4b nos diz mais, e nos explica a importância da função entalpia: a integral cíclica do produto pressão vezes volume equivale ao trabalho externo realizado pelo sistema.

Uma boa aplicação para a entalpia é o seu cálculo no ciclo cardíaco. A Figura 8.1.1 ilustra as relações entre pressão e volume nas fases de contração e relaxamento do músculo ventricular esquerdo durante um ciclo. O ciclo cardíaco é composto por duas fases, a sístole (correspondente à contração da musculatura) e a diástole (correspondente ao relaxamento). Cada uma dessas fases tem, ainda, uma nova subdivisão. Durante a sístole, há um período inicial no qual a musculatura inicia a contração, mas a pressão intracavitária ainda é menor que a pressão na aorta. Durante esse período, não há ejeção de sangue da cavidade ventricular, e é, assim, chamada fase de contração isovolumétrica. Quando a pressão intracavitária supera a pressão presente na aorta, inicia-se a ejeção de sangue, com diminuição de volume e continuado aumento de pressão, seguindo-se uma queda de pressão ainda com ejeção, quando o volume ventricular já se encontra reduzido. Essa é a fase de ejeção. Com o término da contração da musculatura, a pressão intracavitária cai. As válvulas que impedem o refluxo de sangue da aorta para o ventrículo esquerdo se fecham, com a pressão na aorta permanecendo superior à do ventrículo. Assim, há queda de pressão, mas sem alteração de volume, sendo a fase de relaxamento isovolumétrico do início da diástole ventricular. Quando a pressão intraventricular atinge valores abaixo da pressão atrial, o enchimento ventricular passa a ocorrer, sendo este o restante da fase de diástole.

Pela equação 8.1.4b, se calcularmos a integral do produto p · V no ciclo, teremos obtido o trabalho isotérmico externo realizado pelo coração. Isso significa encontrar a área encerrada pela curva pressão-volume no gráfico da Figura 8.1.1.

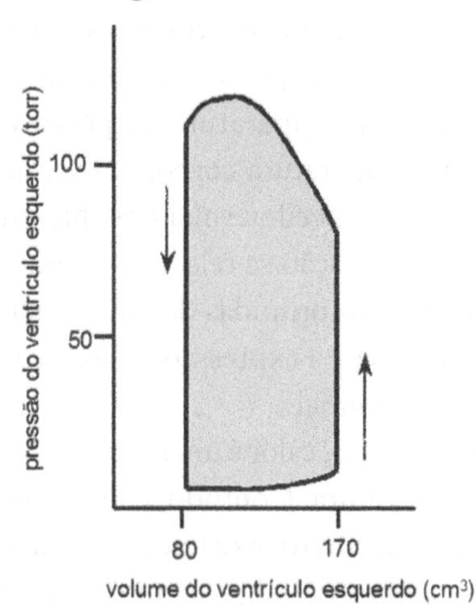

Figura 8.1.1. Relação pressão x volume do ventrículo esquerdo em seres humanos adultos em condições de repouso. A área contida pela função, em cinza, representa o trabalho cardíaco externo que surge no sistema circulatório. Tal trabalho corresponde à variação de entalpia, como explicado no texto. As setas indicam o sentido do tempo no ciclo.

Ao calcularmos tal integral, encontramos um valor aproximado de 1 Joule. Ou seja, a cada ciclo cardíaco de um ser humano adulto médio, há um gasto aproximado de 1 Joule pelo ventrículo esquerdo, que surge como trabalho externo realizado pelo coração para manter o fluxo sanguíneo pelo corpo. O ventrículo direito irá realizar algo em torno de ¼ disso. Sendo a frequência cardíaca de repouso ao redor de 70 batimentos por minuto, temos algo ao redor de 1,5 Watt como sendo a potência colocada na circulação efetiva do sangue pelo coração como um todo.

Taxa metabólica e temperatura corpórea

Nosso objetivo, nesta seção, é procurar entender a origem da expressão "calor metabólico" ou "produção metabólica de calor". Essas expressões estão relacionadas a características de regulação da temperatura nos animais no que diz respeito ao *modo pelo qual se obtêm variações* na temperatura corpórea em períodos curtos (menores que 24 horas). Note que se está falando em *como se obtém* uma variação, e não se a temperatura corpórea varia ou não. A variação (ou não) da temperatura corpórea se relaciona a características de homeotermia e pecilotermia dos diferentes animais. O modo de se obter uma variação se relaciona à endotermia e à ectotermia, características estas oriundas da taxa metabólica. É dentro desse contexto que se insere a expressão "calor metabólico", muito utilizada em energética animal.

Como visto no capítulo 3, calor é um processo de troca de energia por diferença de temperatura. Contudo, como também já ressaltamos nas motivações deste livro, existe uma tendência a se tratar o termo calor como sinônimo de "algo quente". Isso, dentro da Biologia, termina por gerar um falso conceito que relaciona a temperatura corpórea ao próprio processo de troca de energia. Dessa maneira, vamos explorar a origem da expressão "calor metabólico" de modo a entendermos o que está por trás da variação da temperatura corpórea em decorrência do metabolismo do organismo.

Precisaremos de, basicamente, quatro conceitos para abordar, de maneira qualitativa, o problema:

I. De acordo com a Primeira Lei, a energia interna U de um sistema isolado permanece constante (capítulo 1), o que é, apenas, uma forma de se reler que, num sistema fechado, somente há variação de energia interna se houver realização de trabalho ou troca por calor.
II. A energia interna de um gás ideal é apenas função da temperatura do gás, o que é válido para todos os fluidos biológicos de interesse: $U = U(T)$.
III. A eficiência termodinâmica é uma razão entre o trabalho colocado no sistema e o trabalho obtido, e essa eficiência é sempre menor que 1.
IV. A variação de entalpia num ciclo é nula.

Vamos elaborar o raciocínio de modo a ir de um caso simples até um mais complicado (um organismo), procurando manter em evidência os pontos cruciais que envolvem a questão. Assim, começaremos examinado o caso emblemático da "bolinha que cai" (mais adiante, voltaremos a utilizar este exemplo para uma análise da geração de entropia).

A bolinha que cai – num sistema isolado

Vamos considerar um sistema isolado S_3, de fronteiras adiabáticas e com choques completamente elásticos, composto por dois subsistemas. O subsistema 1, S_1, é uma bolinha, com certa massa m que se encontra a uma certa altura z dentro do sistema S_3. O subsistema 2, S_2, é um fluido (por exemplo, ar) que preenche o restante de S_3. A Figura 8.2.1 ilustra o esquema dessa montagem.

Dessa maneira, a energia interna do sistema isolado S_3 no momento inicial t_0 é:

$$U_3(t_0) = U_1(t_0) + U_2(t_0) \qquad (8.2.1)$$

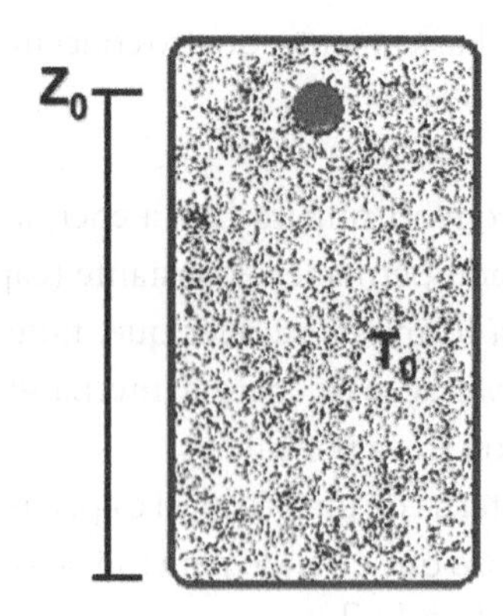

Figura 8.2.1. O sistema isolado S_3, composto por dois subsistemas: uma bolinha de massa *m* numa altura inicial z_0 no campo gravitacional e um fluido (gás) com temperatura inicial T_0.

A energia do subsistema S_1, a bolinha, é dada pela energia potencial oriunda da altura *z* no campo gravitacional. Para facilitar as coisas, mas sem perda de generalidade, iremos considerar que a borda inferior de S_3 equivale a uma altura zero. Dessa maneira:

$$U_1(t_o) = \varepsilon_p(t_o) = m \cdot \vec{g} \cdot z(t_o) \tag{8.2.2}$$

sendo ε_p a energia potencial gravitacional. De acordo com o conceito (II):

$$U_2(t_0) = U_2(T_0) \tag{8.2.3}$$

sendo T_0 a temperatura do ar no momento inicial (note, t_0 é o tempo inicial, T_0 é a temperatura inicial). Iremos supor, novamente sem perda de generalidade para a análise, que não haja diferença de temperatura entre a bolinha e o ar de S_2.

Vamos, inicialmente, desprezar a viscosidade do ar (ou seja, iremos tratar o problema como se não houvesse dissipação de energia). Chamando de t_1 o momento no qual a bolinha toca a parede inferior do sistema S_3, e *u* a velocidade da bolinha, nessas condições em que se despreza a viscosidade do fluido, temos o seguinte:

$$U_1(t_1) = \varepsilon_c(t_1) = \frac{1}{2} \cdot m \cdot u(t_1)^2 \equiv m \cdot \vec{g} \cdot z(t_o) = U_1(t_o) \quad (8.2.4)$$

sendo ε_c a energia cinética do subsistema S_1. Se aguardarmos um novo intervalo de tempo, até um certo t_2, no qual a bolinha sobe até a altura máxima, teremos que a altura máxima atingida volta a ser z_0, ou seja, a altura inicial na qual a bolinha se encontrava. Note, portanto, que esse problema corresponde ao tipo clássico de problema de conservação de energia mecânica, no qual toda a energia potencial gravitacional surge como energia cinética e vice-versa.

No tempo t_1, a temperatura do ar do subsistema 2 vale T_1. Contudo, uma vez que "não há viscosidade", então não houve transferência de energia cinética da bolinha para moléculas do ar e, portanto, $T_1 \equiv T_0$, e, de fato, a temperatura do gás não irá se alterar, a despeito de a bolinha ficar subindo e descendo *ad aeternum* dentro do sistema. Portanto:

$$U_2(t) \equiv U_2(t_0) = U_2(T_0) \; \forall \; t \quad (8.2.5)$$

Por 8.2.4 e 8.2.5, nota-se que, como esperado, a energia do sistema completo isolado S_3 não se altera ao longo do tempo, e, de fato, U_3 é constante, U_2 é constante, e U_1 é constante.

Vamos, agora, considerar, de maneira qualitativa, a presença de viscosidade do fluido. Nessas condições, o que sabemos que irá ocorrer ao longo do tempo? A resposta é simples: a velocidade da bolinha, a cada vez que esta chega à borda inferior do sistema S_3, é menor que a velocidade que ela atingia na condição sem viscosidade, e a altura que a bolinha sobe após cada choque com a parede também é menor. Assim, conforme o tempo passa, a energia mecânica do subsistema 1 vai diminuindo, e, finalmente, a bolinha permanecerá em repouso na parte de baixo do sistema.

Em última instância, a viscosidade representa a transferência de energia cinética para um fluido. No caso em questão, o movimento

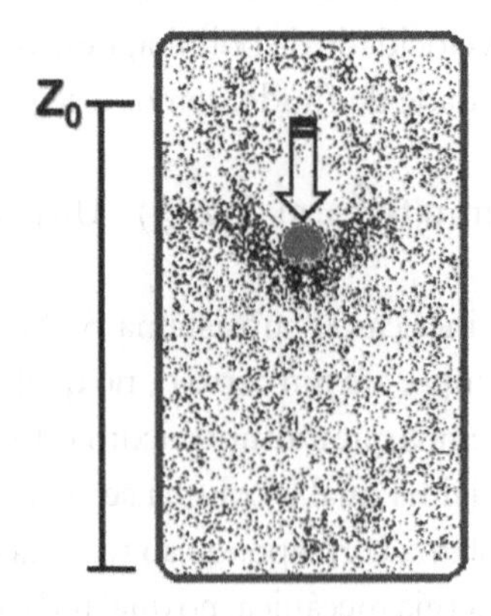

Figura 8.2.2. O subsistema 1 (bolinha) cai no campo gravitacional, perdendo energia potencial e ganhando energia cinética. O presente esquema ilustra o caso no qual a viscosidade do fluido está presente. Assim, há transferência de energia cinética do subsistema 1 para o subsistema 2, o fluido circundante, através da formação de vórtices de turbulência (indicado pela formação de uma região de maior densidade do gás no trajeto adiante e lateral do percurso da bolinha).

da bolinha transfere energia cinética desta para as moléculas do gás circundante. Dessa maneira, *a energia interna do sistema completo* S_3 *não se altera ao longo do tempo*, pois toda a energia cinética da bolinha, energia esta que tende a zero conforme acabamos de discutir, é transferida para as moléculas do fluido. Há, contudo, uma diferença qualitativa nessas energias cinéticas, conforme vimos no capítulo 4: ao passo que a energia cinética da bolinha representa um movimento ordenado unidimensional de todas as suas moléculas, a energia cinética no gás irá se manifestar de modo desordenado, com movimentos nas três dimensões.

O aumento de energia cinética não ordenada corresponde a um aumento da temperatura.

Assim,

$$U_1(t \rightarrow \infty) = 0 < U_1(t_o) \tag{8.2.6}$$

$$U_2(t \rightarrow \infty) = U_2(T_{final}) > U_2(T_0) \tag{8.2.7a}$$

$$T_{2\,final} > T_{2\,inicial} = T_0 \tag{8.2.7b}$$

Ou seja, o aumento da energia interna do fluido é correspondente a um aumento da temperatura (conceito (II)).

Portanto, sob o ponto de vista do sistema completo S_3, houve *aumento da temperatura de seu fluido sem troca de energia (calor) nas suas fronteiras*. Este é um exemplo claro da distinção sobre a qual chamamos a atenção várias vezes, a de que calor e aumento de temperatura são dois fenômenos completamente distintos. Em outras palavras: *variação de temperatura está relacionada à variação de energia interna de um sistema*, e não a "calor".

É claro que, do ponto de vista do subsistema 2, o fluido, o subsistema 1, a bolinha, realizou trabalho sobre aquele, e isso foi o que causou um aumento da sua energia interna e, consequentemente, da temperatura. Isto é, meramente, uma expressão da Primeira Lei.

"Calor metabólico"

Balanço de energia. Comecemos por fazer algo que, de maneiras distintas, fizemos algumas vezes ao longo do texto. Uma decorrência óbvia da Primeira Lei, porém nem sempre notada, é que a energia de um sistema aumentará se e somente se a *soma das entradas* de energia nesse sistema for maior que a *soma das saídas* de energia, e vice-versa. Em outras palavras, podemos fazer uma soma de toda a energia que entra, não importa de qual tipo, e uma soma de toda a energia que sai, também sem nos importarmos com o tipo, e o resultado final da diferença entre o que entrou e o que saiu é a variação de energia do sistema em questão. Para simplificar, vamos considerar sistemas fechados (numa outra seção, levaremos em consideração um sistema aberto, no qual há, também, troca de matéria). Assim, de maneira geral, temos:

$$\Delta E_{TOT} = E_{entrada} - E_{saída} \tag{8.2.8}$$

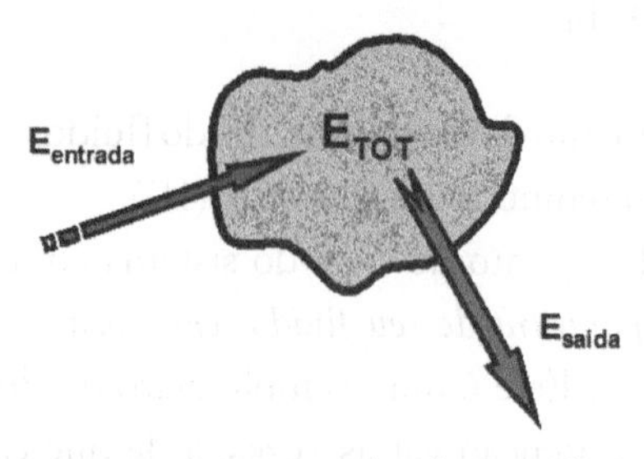

Figura 8.2.3. Representação esquemática de entradas e saídas de energia de um dado sistema, o qual tem uma quantidade de energia total dada por E_{TOT}. A variação dessa energia total no sistema decorre da diferença entre a quantidade que entra e a quantidade que sai.

Considerando a condição na qual a energia total E_{TOT} do sistema não varia, há a igualdade $E_{entrada} = E_{saída}$. Esta é a chamada condição de regime permanente de energia no sistema.

Modelo de um organismo. Voltando nossa atenção para um sistema biológico, um organismo generalizado, iremos, *grosso modo*, descrever seus processos de transferência de energia utilizando uma visão bastante esquemática, como ilustrado na Figura 8.2.4.

No esquema, há uma série de subsistemas concatenados quanto à transferência de energia, todos dentro de um sistema maior, o organismo. Além desses subsistemas de transferência de energia, há, ainda, um subsistema representado pelos fluidos corpóreos, tanto intra quanto extracelulares, nos quais os demais subsistemas se encontram imersos. Note, portanto, a semelhança com o protótipo desenvolvido em nosso estudo sobre a bolinha que cai.

O primeiro subsistema de transferência de energia é representado pela quebra de um carboidrato, a glicose. Se essa quebra se dá de maneira aeróbia ou anaeróbia, ou seja, com ou sem a oxidação pelo oxigênio, nos é irrelevante (apesar de que ilustramos, sem perda

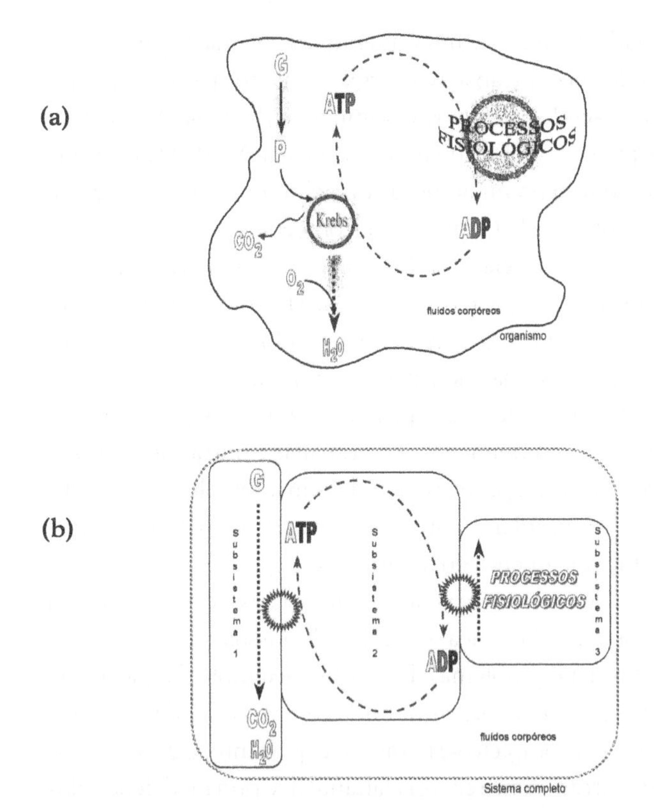

Figura 8.2.4. Representação esquemática de processos de transferência de energia em um organismo. A energia de compostos como a glicose (G) é transferida para a formação de ATP a partir de ADP, e a energia armazenada no ATP será utilizada para a manutenção de processos fisiológicos como bombas de íons, contração muscular, movimentação de vesículas intracelulares, síntese de proteínas e outras substâncias, etc., voltando a formar ADP. Todos esses processos, incluindo a utilização da glicose e a ciclagem de ATP/ADP, ocorrem nos fluidos corpóreos do organismo. Em (a), apresentamos um esquema que inclui as diferentes etapas da utilização da glicose, com formação de piruvato (P), passagem pelo ciclo de Krebs, utilização de oxigênio na cadeia respiratória e formação de água e gás carbônico no processo. Em (b), uma visão ainda mais esquemática é apresentada, na qual explicitamos os subsistemas 1, 2 e 3 através do qual a energia é transferida.

de generalidade na análise, uma quebra aeróbia na Figura 8.2.4). Essa quebra de glicose transfere energia para a formação de ATP a partir de ADP, sendo este o nosso segundo subsistema. Uma etapa seguinte é a quebra de ATP voltando a se formar ADP e transferindo energia para o que denominamos, de maneira completamente geral, "processos fisiológicos". O que são tais processos? Em essência, são os processos orgânicos relacionados à manutenção da vida nas mais diversas condições em que o organismo se encontre. Assim, nesses processos se encontram as bombas de membrana, como a sódio--potássio atp-ase, bombas de cálcio em retículo sarcoplasmático, e outras, as alterações de citoesqueleto promovidas por proteínas contráteis levando a movimentos de vesículas e outras organelas, a síntese e a ressíntese de proteínas e outras macromoléculas orgânicas, a contração muscular... enfim, toda a sorte de fenômenos que permitem o funcionamento do organismo.

Cada etapa de transferência de energia está associada a um grau de ineficiência termodinâmica (item (III) de nossos conceitos necessários para abordar o problema). Portanto, a exemplo do que ocorre com a bolinha que cai imersa num fluido com viscosidade, a energia interna do sistema completo se mantém, e, portanto, algum subsistema tem que "arcar" com a energia faltante devido à ineficiência dos processos de transferência. Obviamente, o subsistema dos fluidos orgânicos será o que arca com isso, havendo, portanto, um aumento da energia interna dos fluidos corpóreos. E, exatamente como visto no caso da bolinha, tal aumento de energia interna corresponde a um aumento de temperatura nos fluidos e, em última instância, um aumento de temperatura no organismo como um todo.

É importante notar que não há calor em todos esses processos. Há variação de energia interna que se reflete num aumento de temperatura corpórea. Novamente: *calor e aumento de temperatura são dois fenômenos completamente distintos*.

Portanto, até aqui, não sabemos a origem da expressão "calor metabólico", de uso tão difundido.

Antes de finalizar a questão da terminologia "calor metabólico", vamos expandir a nossa ideia de ineficiência nos processos orgânicos.

Considere uma versão ultrassimplificada de um organismo, sendo este uma única célula que tem, na sua membrana, uma bomba de sódio/potássio e dois canais, um de sódio e outro de potássio, os quais permitem um vazamento desses íons (Figura 8.2.5).

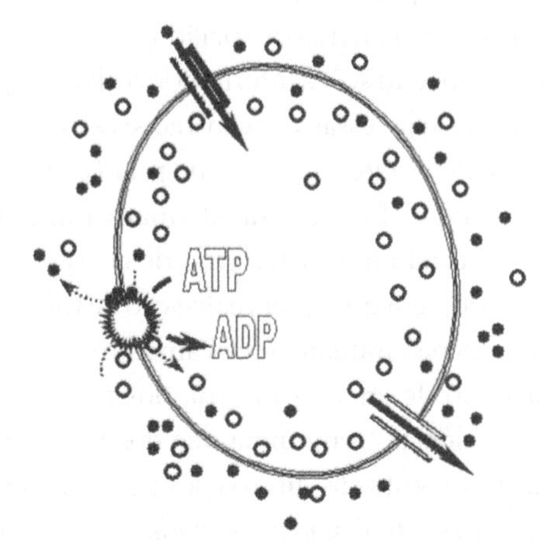

Figura 8.2.5. Esquema do modelo ultrassimplificado de uma célula em estado estacionário. Há vazamento dos cátions sódio (círculos negros) para dentro da célula e cátions potássio (círculos brancos) para fora. Bombas de membrana consomem ATP, transferindo, ativamente, sódio para fora e potássio para dentro. O ATP é fornecido pelo consumo de glicose (não representado). Dessa maneira, além das ineficiências de cada processo de transferência de energia (glicose → ATP → bomba → íons), como a concentração dos cátions não se altera, não há trabalho algum sendo realizado, e, então, toda a energia se converte em aumento da energia interna dos fluidos, como apresentado no texto.

Nesse nosso modelo ultrassimplificado, a glicose transfere energia para ADP, e, por sua vez, o ATP formado transfere para a bomba. A bomba realiza trabalho, transferindo íons Na^+ e K^+ contra seus gradientes de concentração interna-externa. Note que, portanto, até esse ponto, toda a variação de energia interna dos fluidos corpóreos (no caso, o citoplasma da célula) é decorrente da ineficiência termodinâmica dada pela razão entre a energia colocada no sistema por meio da quebra da glicose e o trabalho obtido realizado pela bomba. Há, contudo, como dissemos antes, os canais de membrana que permitem que os íons vazem em decorrência de sua concentração (sem qualquer perda de generalidade, não levaremos em conta o problema elétrico associado).

Contudo, se as concentrações internas de sódio e de potássio não variam no tempo (ou seja, essas concentrações são mantidas como que fixas), então, *todo o trabalho realizado pela bomba é perdido nos vazamentos pelos canais*. Esta é uma afirmativa importante, pois o resultado líquido final da transferência de energia da glicose foi meramente dissipado, sem qualquer realização de trabalho (uma vez que as concentrações não mudam, efetivamente).

Agora, a variação de energia interna dos fluidos corpóreos é decorrente da ineficiência termodinâmica dos processos de transferência *mais* a decorrente da dissipação pelo vazamento. *Mas, uma vez que não houve, efetivamente, trabalho sendo realizado, toda a energia da glicose foi transformada em energia interna dos fluidos corpóreos*. Ou seja, toda a energia da glicose resulta em variação de energia interna dos fluidos, correspondendo, assim, a uma variação na temperatura destes.

Chamaremos esse tipo de ciclo, correspondente a entrada e saída de íons sem qualquer trabalho efetivo sendo realizado, de *ciclo fútil*. Note que estamos generalizando uma terminologia habitualmente empregada no contexto de energética animal para alguns ciclos específicos. Aqui, *qualquer* ciclo com trabalho líquido nulo é um ciclo fútil. Dessa maneira, a contração muscular sem realização de trabalho no entorno é um ciclo fútil. O ciclo cardíaco também é um ciclo fútil, uma vez que todo o trabalho externo realizado pelo coração termina por ser utilizado para o próprio enchimento cardíaco (e, portanto, não surge como trabalho, efetivamente, no entorno) ou é dissipado no sistema vascular.

Passando desse nosso modelo de organismo ultrassimplificado para um no qual existam muitos processos fisiológicos ocorrendo simultaneamente, e não apenas uma bomba de sódio/potássio e respectivos vazamentos desses íons, podemos, facilmente, traçar o seguinte paralelo:

Não importa a quantidade de processos fisiológicos ocorrendo num dado instante, se não há trabalho externo sendo realizado (por exemplo, mudança efetiva na concentração de alguma substância ou deslocamento do organismo), toda a transferência de energia dos alimentos corresponde a um aumento na energia interna dos fluidos orgânicos e, portanto, leva a um aumento na temperatura corpórea.

Consideremos, agora, que o organismo em questão tenha a temperatura corpórea mantida num certo valor. Isso significa que a energia interna dos fluidos orgânicos é mantida fixa. Contudo, sabemos que toda a energia que está sendo transferida dos alimentos surge em duas formas: (a) realização de trabalho externo, e (b) elevação da energia interna dos fluidos. Tendo em vista o balanço de energia (equação 8.2.8 e Figura 8.2.3), se a única forma de transferência de energia dos fluidos orgânicos para o entorno for decorrente da diferença de temperatura entre o corpo e o ambiente, *então o termo de saída* $E_{saída}$ *é um termo que corresponde à troca de energia com o entorno na forma de calor*. Como estamos numa condição (imposta ou pressuposta) de balanço nulo de energia (regime permanente), $E_{entrada} = E_{saída}$ e, portanto, uma vez que se meça quanto se obtém na saída na forma de calor (através de um calorímetro), tem-se quanto vale a entrada, ou seja, a taxa de metabolismo do organismo. Este é o motivo pelo qual, *apesar de não haver nenhum calor metabólico de fato* (como vimos), é costume se referir à taxa metabólica como sendo o calor produzido, ou o calor metabólico. Ou seja, a expressão "calor metabólico" está ligada ao modo pelo qual se estima (mede) a taxa metabólica, e não aos processos de transferência de energia, *per se*, internos ao organismo.

A equação de Bernouille

Suponha que se tenha um sistema aberto, o que permite fluxo de algum fluido entre uma ou mais entradas e uma ou mais saídas desse sistema.[3] Pode-se perguntar: "como varia a energia total E_{TOT} deste sistema?".[4] A Figura 8.3.1 ilustra o esquema de tal sistema, bem como suas entradas e saídas de matéria e energia. Temos, assim, as formas de energia ligadas à matéria, ou seja, energia cinética (ε_C), energia potencial gravitacional (ε_P), entalpia (H) e entropia (S). Temos, também, as transferências de energia na forma de calor (Q) e de trabalho (W), que não envolvem a transferência de matéria entre o sistema e o entorno. A variação da energia total E_{TOT} é dada pela soma das variações das diversas formas de energia que entram e saem do sistema.

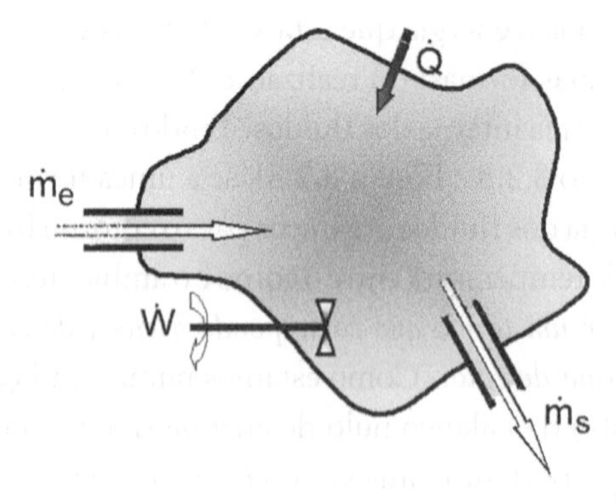

Figura 8.3.1. Esquema de um sistema com entradas e saídas de matéria e energia. Ver texto.

Assim, indicando por "·" a derivada no tempo "d[x]/dt" da grandeza [x], e pelos subscritos "$_e$" e "$_s$" a entrada e a saída, respectivamente, escrevemos:

3 Outro modo para se referir a um sistema é "volume de controle", uma terminologia comumente empregada em engenharia. Um volume de controle é uma região no espaço delimitada por fronteiras arbitrárias (que podem ou não coincidir com as fronteiras do sistema) na qual se operam as transformações que se tem interesse em estudar.

4 Note, não estamos falando apenas da energia interna, mas de um total de energia.

$$\dot{E}_{TOT} = \dot{Q}_e - \dot{Q}_s + \dot{W}_e - \dot{W}_s + T_e\dot{S}_e - T_s\dot{S}_s + \dot{H}_e - \dot{H}_s + \dot{\varepsilon}_{P_e} - \dot{\varepsilon}_{P_s} + \dot{\varepsilon}_{C_e} - \dot{\varepsilon}_{C_s} \quad (8.3.1)$$

Cada par de formas semelhantes de energia pode ser transformado em uma diferença entre a entrada e a saída daquele tipo de energia, o que indicaremos por **D**[x]. Por exemplo, a diferença de entalpia entre a entrada e a saída é escrita como:

$$\mathbf{D}\dot{H} = \dot{H}_e - \dot{H}_s$$

As energias ligadas à transferência de matéria estão relacionadas ao próprio fluxo de matéria que transita entre as entradas e as saídas do sistema, $\dot{m}_e$ e $\dot{m}_s$, respectivamente. Logo, a variação de matéria no sistema é dada pela diferença:

$$\mathbf{D}\dot{m} = \dot{m}_e - \dot{m}_s$$

Considere que não haja variação de energia interna entre a matéria que entra e a que sai (ou seja, não haja transferência líquida de energia na forma de trabalho ou de calor para a matéria em fluxo) e que não ocorra, também, transferência líquida de energia na forma de trabalho ou calor entre o entorno e o sistema.

Se o sistema não está, também, sofrendo variações na quantidade de matéria que há em seu interior, ou seja, o sistema está em regime permanente (estado estacionário) de matéria, então:

$$\mathbf{D}\dot{m} = 0 \leftrightarrow \dot{m}_e = \dot{m}_s = \dot{m} \quad (8.3.2)$$

De acordo com 8.3.2, escrevemos, então, que o fluxo de matéria é, simplesmente, $\dot{m}$. Assim, diante das considerações feitas acima, a equação 8.3.1 fica simplificada para:

$$\dot{E}_{TOT} = \dot{m} \cdot \left(\mathbf{D}s^* + \mathbf{D}h + \mathbf{D}\varepsilon_p + \mathbf{D}\varepsilon_c\right) \quad (8.3.3)$$

Note que estamos utilizando, agora, letras minúsculas para as diferentes formas de energia, para indicar que são as formas massa--específicas, ou seja, por unidade de massa (já que o fluxo de matéria foi isolado fora dos parênteses). Note, ainda, s^* – o asterisco é para indicar que cada termo da diferença é multiplicado pela respectiva temperatura, como em 8.3.1.

Nossa próxima etapa é considerar que o sistema, além de estar em regime permanente de matéria, está em regime permanente de energia. Ou seja, não há variação na energia total presente no sistema e, portanto:

$$\dot{E}_{TOT} = 0 \qquad (8.3.4)$$

Isso implica que a soma das diferenças entre parênteses em 8.3.3 deve ser nula.

A última consideração a ser feita é a de que a entropia S não varia. Uma vez que todos os termos relacionados à variação de energia interna foram eliminados, e estamos impondo que não haja processos dissipativos, então a temperatura de entrada é a mesma da saída. Isso é denominado *condições isentrópicas* – portanto, $\mathbf{D}s^* = 0$.

Assim, *para um sistema com fluxo de fluido em regime permanente de matéria e energia, sob condições isentrópicas*, temos a seguinte igualdade:

$$\mathbf{D}h + \mathbf{D}\varepsilon_p + \mathbf{D}\varepsilon_c = 0 \qquad (8.3.5)$$

Em termos massa-específicos, as diferenças em 8.3.5 correspondem a:

$$\mathbf{D}h = \frac{P_e - P_s}{\rho} \qquad (8.3.6a)$$

$$\mathbf{D}\varepsilon_p = \vec{g} \cdot (z_e - z_s) \qquad (8.3.6b)$$

$$\mathbf{D}\varepsilon_c = \frac{1}{2} \cdot \left(u_e^2 - u_s^2\right) \qquad (8.3.6c)$$

Como na seção anterior, z se refere à altura no campo gravitacional de aceleração $\vec{g}$, e u se refere à velocidade. O termo ρ é a densidade do fluido em fluxo, de modo que o fluxo de massa $\dot{m}$ é transformado em fluxo de volume, $\dot{V}$, quando multiplicado por Dh, resultando no produto p · V da entalpia. Note que o termo relacionado à energia interna em H foi eliminado pelas considerações feitas quanto a trabalho e calor.

Recolocando-se as equações 8.3.6 em 8.3.5:

$$\frac{P_e - P_s}{\rho} + \vec{g} \cdot (z_e - z_s) + \frac{1}{2} \cdot \left(u_e^2 - u_s^2\right) = 0 \qquad (8.3.7)$$

Esta é a chamada *equação de Bernouille.*

Note que a equação de Bernouille nada mais é que a equação de conservação de energia mecânica aplicada a sistemas que podem ter a pressão variável (as "bolinhas" que comumente estudamos não têm variações de pressão interna associadas ou levadas em conta, e, por isso, a equação de conservação de energia mecânica se restringe, em tais casos, a transformações entre energia cinética e energia potencial gravitacional, apenas).

O que diz, afinal, a equação de Bernouille? A equação 8.3.7 nos diz que, num sistema em condições isentrópicas, se houver diminuição (aumento) de uma das formas de energia mecânica, então as outras devem aumentar (diminuir). Por exemplo, se houver queda de pressão, então deve haver aumento da altura do fluido e/ou aumento de velocidade.

Vamos ver isso melhor a seguir, pelo estudo de dois casos. O primeiro é o de fluxo em um tubo com área de seção variável. O outro é o do papel das asas para o voo.

O estranho fluxo que segue de um local de menor para outro de maior pressão

Considere um tubo cilíndrico com fluxo $\dot{m}$ de um fluido instalado e em regime permanente. Esse fluxo é tal que se podem desprezar as perdas de energia por dissipações (viscosidade e turbulência), não há trabalho sendo realizado em relação ao entorno, não há trocas por calor nem variação de temperatura. Assim, o sistema definido pela entrada, saída e paredes do tubo se comporta como o sistema preconizado mais atrás, e o fluxo se dá sob condições *isentrópicas*.

Esse tubo tem uma área de seção (calibre) que se reduz em certa porção e, à jusante, volta a aumentar. O esquema é apresentado na Figura 8.3.2. Note que não há variação na altura em relação ao campo gravitacional, apenas para ilustrar melhor o ponto em foco. Chamaremos a primeira região, após a entrada da tubulação, de 1. A segunda região, aquela na qual há a diminuição do calibre do vaso, de 2. E de 3, a região mais a jusante, na qual o tubo volta a ter um maior calibre, igual ao da região 1 (novamente, a escolha de tal arranjo é para ilustrar o ponto em foco). Em cada uma das regiões, colocamos sensores para medir pressão e velocidade do fluido na região.

Como o fluxo $\dot{m}$ é o mesmo ao longo da tubulação, na porção 2, na qual há o estreitamento da tubulação, a velocidade do fluido aumenta. Assim, pela equação 8.3.7, uma vez que há aumento de velocidade, ocorre uma queda de pressão. Ou seja, $u_2 > u_1 \leftrightarrow P_2 < P_1$. Após a região de estreitamento, com o aumento da área de secção da tubulação, a velocidade volta a diminuir. Novamente, pela equação

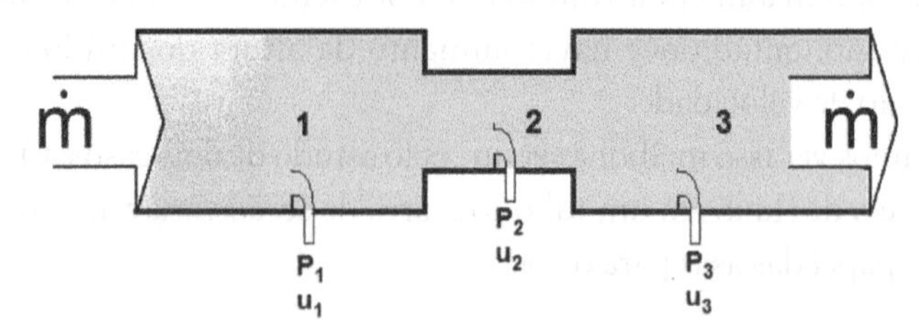

Figura 8.3.2. Esquema do arranjo de tubulação com fluxo isentrópico instalado, como descrito no texto. A entrada de matéria se dá pelo lado da esquerda, e a saída, pelo lado da direita de quem observa o esquema. Em cada uma das regiões de diferentes calibres de tubulação (1, 2, 3), colocamos sensores de pressão (P) e velocidade (u). Ver texto para detalhes e explicação.

de Bernouille, temos que $u_3 < u_2 \leftrightarrow P_3 > P_2$. Ou seja, a pressão na região 3 é maior que a pressão na região 2, e, portanto, o fluxo segue de uma região de menor pressão (2) para uma de maior pressão (3).

Esse resultado é um tanto desconcertante para quem o vê pela primeira vez, pois contradiz aquilo que se acredita nas relações entre fluxo e diferença de potencial, aliás, exatamente parte do que foi apresentado no capítulo 7 a respeito de forças e fluxos. Em outras palavras, se a diferença de potencial que leva à existência de fluxo de fluido é dada pela diferença de pressão, então a equação de Bernouille nos apresenta um resultado inexplicável.

Para entendermos o que está ocorrendo, precisamos rever o caminho que nos trouxe até a equação 8.3.7 e lembrar que essa equação é a equivalente à de conservação de energia mecânica em sólidos. Ninguém soltou uma bolinha de borracha da janela de seu quarto e, três dias depois, voltou lá esperando vê-la ainda a quicar no chão e retornar à altura da janela, apesar de que, sob o ponto de vista da conservação de energia mecânica, isto é o que seria esperado. De maneira semelhante, a equação 8.3.7 é obtida por desprezarmos todos os fenômenos dissipativos (isto é, em essência, a *condição isentrópica*). Contudo, como discutimos no capítulo 7, fluxos são obtidos com concomitante geração de entropia. Portanto, poderíamos fechar, na forma de um toro (anel), a tubulação apresentada na Figura 8.3.2, e, após aplicarmos uma força inicial em algum local do fluido, teríamos fluxo percorrendo o interior do anel interminavelmente, para sempre, independentemente de variação na altura e no diâmetro da tubulação. É claro que, como no caso da bolinha de borracha, não se pode esperar obter nada (i.e., nenhum trabalho pode ser extraído de tal sistema) desse fluxo. Qualquer tentativa de se obter energia de tal sistema implicaria impor dissipações, e o fluxo terminaria como que "desobedecendo" à equação 8.3.7.

Resta, então, a pergunta: como há fluxo instalado em tal tubulação, representada na Figura 8.3.2? Há fluxo instalado pois, na representação ilustrada na figura, omitiu-se a diferença de pressão entre as extremidades da tubulação. Ou seja, para termos o fluxo $\dot{m}$ instalado, temos uma diferença de pressão colocada entre a entrada, a montante da região 1, e a saída da tubulação, a jusante da região 3. *Portanto, o fluxo vai, mesmo, de uma região de maior pressão para uma de menor, seguindo a diferença de potencial instalada, como esperado* (*i.e.*, $P_{entrada} > P_{saída}$).

Dentro de um curto espaço, representado pela tubulação apresentada, *pode-se aproximar as condições do fluxo como uma idealização isentrópica local, mas, globalmente, há dissipações e não existe a conservação de energia mecânica.*

Como as asas "voam"?

Em vários livros, tanto do ensino médio quanto técnicos ou de ensino superior, encontra-se a explicação de como as asas, sejam de aviões ou pássaros, permitem que esses organismos ou aparelhos alcem voo. Para tanto, os autores propõem que o segredo por trás de tão única forma de locomoção se encontre na equação de Bernouille. Assim, o formato das asas é fundamental: a parte inferior destas seria plana enquanto a superfície superior seria curva (veja a Figura 8.3.3). Apesar de tal perfil ser semelhante ao observado em asas construídas pelo ser humano, dificilmente encontramos esse perfil nas asas biológicas. Contudo, independentemente disso, vejamos como a equação de Bernouille é utilizada (de maneira equivocada) para explicar como as asas permitem o voo.

De acordo com o perfil mostrado na Figura 8.3.3a, o fluido (no caso, ar) que passa ao redor das asas quando estas estão em movimento deve, para conservar a energia mecânica, sofrer o seguinte processo. Na borda anterior da asa em relação ao movimento, o ar se divide em dois trajetos, um que segue pela parte superior e outro, pela parte inferior da asa. Supõe-se, também, que o fluido volta a se reencontrar na parte posterior, "rejuntando" as partes separadas na borda anterior. Assim, devido à convexidade na parte superior, o trajeto percorrido pelo fluido nesta parte é maior. Como as porções separadas pela borda anterior devem se reencontrar na borda posterior, então a porção do fluido que percorre a face superior deve ter

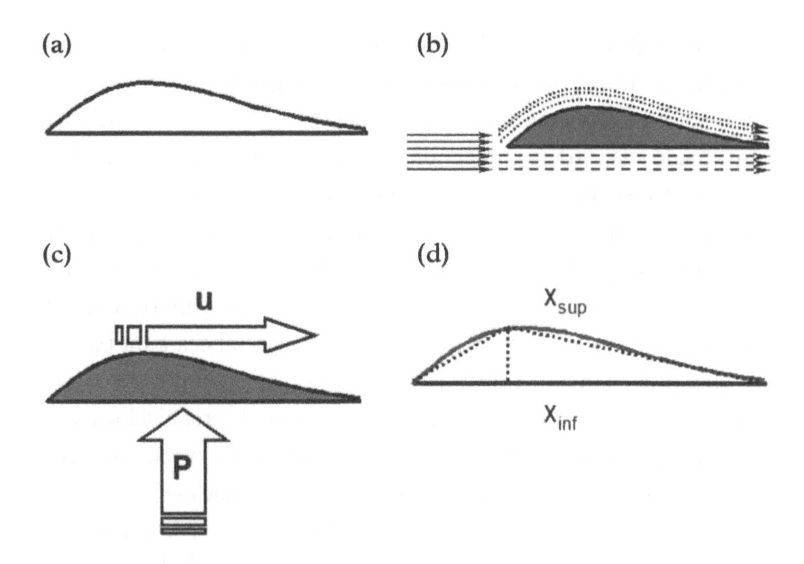

Figura 8.3.3. (a) Perfil preconizado de uma asa. (b) Note que o fluxo de ar (representado por setas) vindo da região anterior se divide em um fluxo para a parte superior e outro para a parte inferior da suposta asa. Na região posterior, esses fluxos devem se juntar, novamente. (c) Como o trajeto inferior é menor que o superior, então conclui-se que a velocidade na parte superior torna-se maior que na inferior, e, concomitantemente, a pressão na parte inferior se torna maior que na superior, gerando a força de sustentação para o aparato. É fácil perceber que tal explicação exclui o voo de cabeça para baixo, apesar de este ser prática comum em aviões militares e acrobáticos. (d) Cálculo aproximado da diferença de tamanhos entre o trajeto superior e o inferior. Ver texto para discussão.

uma velocidade maior que aquela que percorre a face inferior (Figura 8.3.3b). Logo, concluem, como uma porção do fluido sofre aumento de velocidade, esta deve ter uma pressão diminuída, de acordo com a equação 8.3.7. Com isso, cria-se uma diferença de pressão entre a porção do ar que se encontra na face superior e a que se encontra na face inferior, sendo que esta última tem pressão maior. Essa diferença de pressão resulta em uma força que empurra o animal ou avião para cima (Figura 8.3.3c).

Afora todas as suposições que são impostas para que esse tipo de mecanismo pudesse dar sustentação para o voo (condições isentrópicas e reencontro de fluxos), seja de aparelhos seja de animais, há, ainda, que se contar com o fato de que as asas de pássaros dificilmente se assemelham, em seu perfil, àquele pressuposto na explicação dada e que uma outra série enorme de animais que voam nem têm asas que beirem qualquer semelhança com tal perfil (veja, por exemplo, o caso dos insetos). Mais ainda, uma pergunta que surge a todos é: então, como podem os aviões voar de cabeça para baixo? De qualquer maneira, vamos ignorar todo esse conjunto de dados empíricos que estão ao nosso redor e calcular qual seria a velocidade necessária para que se gerasse a pressão para sustentar o voo por meio da conservação de energia mecânica em fluidos (equação 8.3.7).

Para se manter em voo, a força exercida pelo ar na parte de baixo das asas deve ser igual à força peso do aparato em deslocamento. Assim, considerando as porções superior (sup) e inferior (inf) do fluido ao redor das asas, a partir da equação de Bernouille, temos:

$$\frac{P_{inf} - P_{sup}}{\rho} = \frac{1}{2} \cdot \left(u_{sup}^2 - u_{inf}^2\right) \tag{8.3.8}$$

Vamos considerar que o trajeto superior tenha uma extensão x_{sup}, e o trajeto inferior, x_{inf} (Figura 8.3.3d). Como os fluxos devem se "rejuntar", então o tempo para percorrer x_{sup} é o mesmo que para percorrer x_{inf}, e obtemos a seguinte relação entre as velocidades nas porções superior e inferior das asas:

$$u_{sup} = \frac{x_{sup}}{x_{inf}} u_{inf} \tag{8.3.9}$$

Logo, a velocidade na parte superior depende da razão entre os tamanhos dos trajetos superior e inferior. Algumas simples estimativas nos mostram que, nos casos em que há alguma diferença de tamanho entre os trajetos,[5] algo ao redor de 15% é o valor

5 Pois, como dissemos, uma enorme quantidade de asas não apresenta o perfil pressuposto com trajeto superior maior que o inferior.

aproximado, ou seja, $x_{sup}/x_{inf} \cong 1{,}15$, e dificilmente essa diferença supera os 20%, quando muito. Para que o leitor tenha uma ideia, se o perfil da asa correspondesse a um meio círculo, um perfil nunca observado em organismos e aparatos construídos, a relação obtida seria ao redor de 1,57.

Como a diferença de pressão entre a parte inferior e a superior é linear, podemos tratar $P_{sup} = 0$. Dessa forma, a pressão na parte inferior deve ser igual à força peso dividida pela área A das asas:

$$P_{inf} = \frac{\vec{g} \cdot m}{A} \tag{8.3.10}$$

Chamaremos a razão $x_{sup}/x_{inf} = c$ e vamos inserir 8.3.9 e 8.3.10 em 8.3.8 para obtermos a velocidade que o organismo ou aparato construído deve ter para poder se manter em voo:

$$u_{inf} = \sqrt{\frac{2 \cdot \vec{g} \cdot m}{(c^2 - 1) \cdot \rho \cdot A}} \tag{8.3.11}$$

A Tabela 8.1 apresenta valores de peso e área de asas para algumas aves e alguns aviões.[6] As três últimas colunas da tabela apresentam valores de velocidade (em km/h) para manutenção do voo, estimados a partir da equação 8.3.11, em diferentes altitudes (0, 1.000 e 3.000 metros) e para perfis que variam, na razão c, entre 15% e 20%. É fácil notar que, mesmo ao nível do mar e com razão de 20% entre os trajetos superior e inferior (quinta coluna), as velocidades necessárias para alçar voo são absurdamente altas.

A título de exemplo, pelos dados da coluna 5, um Boeing 747-400 precisaria de uma pista com mais de 5.000 metros para decolagem ao nível do mar se o aparelho fosse depender da pressão obtida pela equação de Bernouille, supondo-se um trajeto superior nas asas 20% maior que o inferior. Se tomarmos algo mais compatível entre o percurso superior e o inferior, 10%, esse mesmo avião, para decolar

6 Dados obtidos em Tennekes, *The simple science of flight*.

O que		Peso (N)	Área das asas (m^2)	Velocidade necessária (km/h)		
Nome científico	Nome popular			0 20%	1.000 15%	3.000 15%
Parus major	Chapim	0,20	0,01	31	38	42
Accipiter nisus	Falcão-Pardal	2,50	0,08	39	48	53
Alca torda	Torda-Mer-gulhadeira	8,00	0,038	101	123	136
Larus argentatus	Gaivota	11,40	0,2	52	64	71
P.erhytrorhyncus	Pelicano	60,00	1	54	66	73
	Concorde	$1{,}80 \cdot 10^6$	358	492	603	667
	747-400	$3{,}95 \cdot 10^6$	530	599	734	812
	AirBus 380	$5{,}6 \cdot 10^6$	845	565	692	765

de um aeroporto numa cidade a 1.000 metros de altitude em relação ao mar, precisaria de uma pista de mais de 12 quilômetros!

Considerando as aves, o problema se apresenta ainda mais contundente. Para uma razão em torno dos 20% (uma estimativa alta, como discutido antes), esperaríamos ver um pelicano ou uma gaivota passarem correndo, ao nosso lado, a mais de 50 km/h para alçar voo. O chapim, de massa corpórea semelhante à de um camundongo, deveria passar por nós a 30 km/h, velocidade ligeiramente inferior à de um corredor olímpico dos 100 metros rasos. E a torda, bem, esta deveria ir a mais de 100 km/h para alçar voo.

Esses exemplos servem para ilustrar que a equação de Bernouille, que representa a conservação de energia mecânica em fluidos, *não pode explicar o funcionamento das asas,* tanto em organismos quanto em aparatos construídos pelo ser humano.

Então, como as asas "voam"? O efeito principal das asas, ou melhor, dos aerofólios, é criar um fenômeno chamado de *circulação*, no qual uma massa de ar (ou fluido) é acelerada para baixo de modo a obter *momentum* para cima, de maneira a compensar a força peso. Isso é obtido por meio do *ângulo de ataque*, e não pela diferença de pressão por conservação de energia mecânica.[7]

7 Note que, se a explicação para a sustentação dada pelos aerofólios (asas) fosse, de fato, a conservação de energia mecânica com queda de pressão na parte superior, então o fluido (ar) seria "sugado" para cima. Contudo, quando

Geração de entropia e a variação temporal da energia livre

Seguindo as linhas do que apresentamos no capítulo 5, iremos designar a energia livre por G e faremos uma extensão desta a todas as formas de energia possivelmente presentes num sistema qualquer. Escreveremos, assim, a seguinte equação:

$$G = H - T \cdot S + \sum n_a \cdot \mu_a + \sum \varepsilon_i \qquad (8.4.1)$$

Os termos $n_a \cdot \mu_a$ se relacionam à energia química (potencial químico) dos elementos presentes no sistema (equação de Gibbs--Duhem). Os termos ε_i são todas as demais manifestações de energia, como cinética, potencial gravitacional, potencial elétrica, etc., que possam ser encontradas no sistema.

Devido ao que se mostrou relacionado à variação de energia livre e de entropia, a seguinte série de igualdades é esperada:

$$\int \sigma(t)dt = \Delta S_{int} = \Delta S_{total} - \frac{q_r}{T} = -\frac{\Delta G_{\sim r}}{T}$$

Ou seja, esperamos que a integral da geração de entropia no tempo resulte na variação de entropia interna (irreversibilidades), a qual é a diferença entre a variação total de entropia e o calor das transações reversíveis (corrigido para a temperatura), e tal diferença é o que chamamos de variação não reversível da energia livre.

---

um helicóptero pousa ou se aproxima de uma superfície de água, vemos que o ar está sendo jogado para baixo. Da mesma forma, as laterais das pistas de pouso têm uma ampla margem de segurança para evitar que pessoas, ou objetos, sejam arremessadas para longe devido à massa de ar direcionada para baixo pelos aviões. Para que se tenha uma ideia, a circulação atinge mais de 30 metros de cada lado de uma aeronave com capacidade para 150 passageiros. O assunto não é, contudo, simples, e, assim, para mais detalhes, sugerimos Tennekes, *The simple science of flight*, e Langewiesche, *Stick and rudder*.

Por que estamos colocando tais igualdades? É porque iremos percorrer, agora, um caminho através da variação de energia livre e sua derivada temporal (resultando em potência, portanto) em vez da geração de entropia, e veremos aonde isso nos leva. Faremos isso por meio de um exemplo bastante simples, de modo a permitir um seguimento bastante fácil do raciocínio.

A bolinha que cai – novamente

Como dissemos na seção 2 deste capítulo, este é um problema com o qual, provavelmente, todos já deparamos. É um problema típico do colegial, que, agora, será útil para explorarmos a variação temporal da energia livre (ou a geração de entropia). Note que o detalhe aqui, em relação à parte I, é que, neste momento, trabalhamos com a ideia da variação temporal, coisa que não podia ser tratada em transições de sistemas em condições de quase equilíbrio.

Considere, assim, uma bolinha (ou qualquer outra coisa, pois isso, de fato, não importa), de massa m em repouso a uma altura z num campo gravitacional cuja aceleração é $\vec{g}$. Nessa altura, a bolinha tem energia potencial (gravitacional) ε_P:

$$\varepsilon_p = m \cdot \vec{g} \cdot z \qquad (8.4.2)$$

Para nós, a massa é uma constante. Dessa maneira, identificamos que o produto m . $\vec{g}$ é a força termodinâmica relacionada a um fluxo (o qual, no momento, é zero, ver equação 7.3). O fluxo é a velocidade, ou seja, a variação temporal da altura: dz/dt (ver Figura 8.4.1).

Quando a bolinha é solta e cai no campo gravitacional, passa a haver energia cinética, ε_C:

$$\varepsilon_c = \frac{1}{2} \cdot m \cdot u^2 \qquad (8.4.3)$$

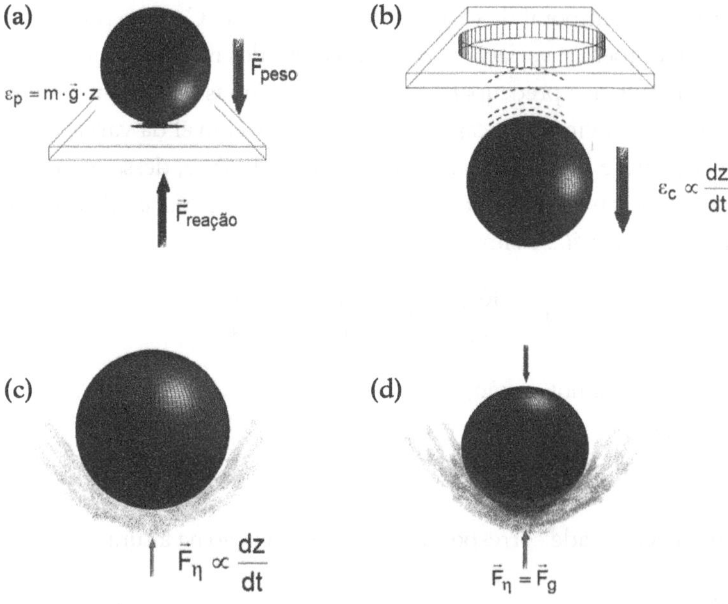

Figura 8.4.1. Uma massa (bolinha) num campo gravitacional. (a) Forças presentes em repouso. (b) A massa é solta num ambiente sem viscosidade. (c) Queda em um ambiente com viscosidade. Surge uma força, proporcional à velocidade, que se opõe ao movimento. (d) A massa atinge uma condição de regime permanente, com a força oriunda da viscosidade se igualando à força do campo gravitacional.

Sendo u a velocidade. Vamos escrever, agora, as variações temporais de energia cinética e de energia potencial:

$$\frac{d\varepsilon_p}{dt} = m \cdot \vec{g} \cdot \frac{dz}{dt} \qquad (8.4.4a)$$

$$\frac{d\varepsilon_c}{dt} = \frac{1}{2} \cdot m \cdot 2 \cdot u \cdot \frac{du}{dt} = m \cdot u \cdot \frac{du}{dt} \qquad (8.4.4b)$$

Note que ambas as variações temporais de energia resultam em potências (i.e., as unidades resultantes são energia/tempo). Mais ainda, como u é a velocidade, então du/dt é a variação de velocidade, ou seja, aceleração. Utilizando a equação 8.4.1, escrevemos, então, a variação temporal da variação de energia livre. Como o problema envolve, apenas, variações nos termos contidos no somatório das ε_I, não iremos nos preocupar com as outras formas de energia. Além disso, como vimos no capítulo 5, a parte reversível da variação da energia livre fica contida em $dU + p \cdot \Delta V - T \cdot \Delta S$, e, dessa maneira, iremos desenvolver o raciocínio em termos de *variação de energia livre irreversível*. Assim:

$$dG_{\sim r} = d(\varepsilon_p + \varepsilon_c) \Leftrightarrow \frac{dG_{\sim r}}{dt} = m \cdot \vec{g} \cdot \frac{dz}{dt} + m \cdot u \cdot \frac{du}{dt} \qquad (8.4.5)$$

Identificamos, então, que

$$u = -\frac{dz}{dt}$$

pois a velocidade corresponde a uma diminuição na altura z; e

$$\frac{du}{dt} = \vec{g}$$

pois a variação da velocidade é a aceleração.

Dessa maneira, ficamos com:

$$\frac{dG_{\sim r}}{dt} = m \cdot \vec{g} \cdot \left(\frac{dz}{dt} - \frac{dz}{dt} \right) = 0 \qquad (8.4.6)$$

Ou seja, como o problema foi proposto sem a presença de dissipações, vemos que a conservação da energia mecânica corresponde a uma variação nula na energia livre irreversível (como esperado). Portanto, uma vez que a condição isentrópica foi imposta desde o início, terminamos por concluir que *não há geração de entropia* (como necessário).

Vamos deixar, agora, que existam dissipações presentes. Iremos tratar o problema levando em conta a viscosidade do ar, a qual gera uma força contrária à força da queda e proporcional à velocidade da massa. No fundo, o que se está dizendo é que, nas condições preconizadas, existe uma função de dissipação, a qual é linear com o fluxo (velocidade) em decorrência de uma força presente. Ou seja, a viscosidade surge com as características preconizadas na equação 7.3.

Pela Segunda Lei de Newton, temos que a variação da velocidade é decorrente da soma de forças de superfície do corpo. Nossa bolinha está sujeita a duas forças: $\vec{F}_g$, gravidade; e $\vec{F}_\eta$, força de viscosidade. Designamos a viscosidade (parâmetro constante, nesse caso) por η, e escrevemos a variação da velocidade:

$$m \cdot \frac{du}{dt} = \left(\vec{F}_g - \vec{F}_\eta\right) = \left(\vec{F}_g - \eta \cdot u\right) \qquad (8.4.7)$$

Vamos reescrever 8.4.5 tendo em vista 8.4.7 e lembrando que $u = -dz/dt$:

$$\frac{dG_{\sim r}}{dt} = \frac{dz}{dt} \cdot \left(m \cdot \vec{g} - \vec{F}_g + \eta \cdot u\right) \qquad (8.4.8)$$

Contudo, $\vec{F}_g \equiv m \cdot \vec{g}$, e, assim, os dois primeiro termos entre parênteses se anulam. Como, novamente, $u = -dz/dt$, ficamos com:

$$\frac{dG_{\sim r}}{dt} = -\eta \cdot u^2 \qquad (8.4.9a)$$

Apenas para fechar a questão, vamos considerar o caso quando o sistema entra em regime permanente[8] e a velocidade da bolinha não mais se altera. Esse é o caso quando a bolinha atinge o que se denomina "velocidade terminal", ou seja, quando a força gravitacional é igualada pela força viscosa do fluido (ar, nesse caso). Nessa condição de velocidade terminal, como a velocidade u não mais varia, então $du/dt = 0$. Indicaremos essa velocidade terminal constante por u^*. Isso nos leva à seguinte igualdade na equação 8.4.7:

$$\vec{F}_g = \eta \cdot u^* = m \cdot \vec{g}$$

---

8 Nas ciências biológicas, costuma-se designar regime permanente por "estado estacionário", do inglês "steady-state".

Reescrevemos 7.12a com a velocidade terminal:

$$\frac{dG^*_{\sim r}}{dt} = -m \cdot \vec{g} \cdot \left|\frac{dz}{dt}\right|^* \qquad (8.4.9b)$$

Note que, para evitar confusões de sinal, colocamos a velocidade dz/dt como valor absoluto (indicado pelas barras | |).

As equações 8.4.9 nos dizem, basicamente, a mesma coisa: quando há dissipação envolvida, ocorre variação não nula da energia livre irreversível, indicando um aumento na entropia, ou seja, *há uma geração de entropia positiva no processo* (lembre-se que a variação negativa de energia livre se relaciona à variação positiva de entropia – ver capítulo 5 e a série de igualdades colocadas mais atrás).

A equação 8.4.9b nos dá um elemento a mais para reflexão: na condição de regime permanente, *a geração de entropia é proporcional* à variação temporal da energia potencial, ou seja, *à potência dissipada*.

Em textos extensos sobre o assunto "geração de entropia",[9] não se encontra uma afirmação de caráter simplificador como essa. Contudo, essa constatação pode ser encontrada em textos mais concisos. Por exemplo (traduções livres nossas): "A taxa de trabalho realizado necessita ser igual ao calor produzido em um estado estacionário",[10] ou, ainda: "Associada ao resultado líquido de ciclos de *turnover* se encontra a dissipação isotérmica de calor, a qual é igual à produção de entropia".[11]

Esta afirmação nos parece ser bastante importante, principalmente tendo em vista problemas na área das ciências biológicas, por dois motivos. Em primeiro lugar, por dar um cunho mais direto e

---

9 Ver, por exemplo, Glansdorff & Prigogine, *Strucutre, stabilité et fluctuations*; Groot & Mazur, *Non-Equilibrium Thermodynamics*; Bejan, *Entropy generation minimization*; e Rosen, Second-Law analysis: approaches and implications, *International Journal of Energy Research*, 23, p.415-29.

10 Županovic, Juretic & Botric, Kirchhoff's loop law and the maximum entropy production principle, *Physical Review*, E 70 DOI: 10.1103, p.4.

11 Beard & Qian, Relationship between thermodynamic driving force and one--way fluxes in reversible processes, *PlosOne*, 2(1), e 144, p.2.

mensurável aos problemas. Em segundo lugar, por diminuir o caráter "místico e intangível" que sempre acompanha o termo *entropia*. Assim, voltamos a afirmar que, para uma série de problemas nos quais as aproximações lineares possam ser aplicadas:

geração de entropia $\propto$ *potência dissipada*

Vamos, agora, procurar fazer uma breve análise de um problema biológico utilizando o que foi desenvolvido.

A corrida dos cavalos

Não há nenhum motivo em especial para chamarmos esta seção de "a corrida dos cavalos". A única razão para isso é que, quando abordamos esse tipo de problema pela primeira vez, tínhamos em mente o estudo de Hoyt & Taylor[12] no qual cavalos foram utilizados para verificar as relações de demanda energética durante o deslocamento com diferentes tipos de passada, i.e., andar, trotar, galopar. Esses autores notaram que existe uma velocidade ideal para o deslocamento em cada tipo de passada, velocidade essa que minimiza o gasto de energia por unidade de distância percorrida (ilustramos os resultados na Figura 8.4.2). Contudo, como dissemos, não há motivo especial para falarmos de "corrida dos cavalos", pois esse tipo de otimização energética ocorre em todos os grupos animais estudados quanto à locomoção e em uma série muito grande de fenômenos fisiológicos ligados à mecânica, como a frequência de batimentos cardíacos de repouso, a frequência ventilatória de repouso, o ajuste de frequência de batimento de asas e da ventilação em voo de pássaros, etc.

12 Hoyt & Taylor, Gait and the energetics of locomotion in horses, *Nature*, 292, p.620-30.

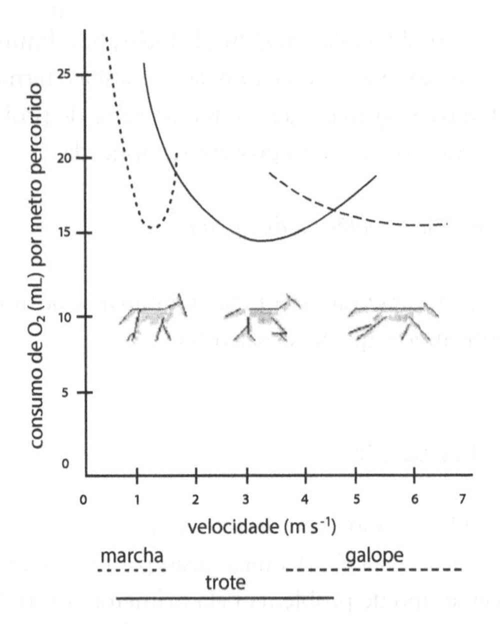

Figura 8.4.2. Gráfico ilustrativo do gasto de transporte (consumo de oxigênio por metro percorrido) em função da velocidade desenvolvida para três tipos de passada em cavalos. Note o formato de "U" das curvas, indicando a existência de uma velocidade ótima de deslocamento para cada tipo de passada.[13]

Dessa maneira, o caso sob análise é, pura e simplesmente, um entre vários que poderiam ter sido abordados como tema. Mais ainda, o tipo de análise que faremos, como se verá, é bastante geral e simples, o que tira qualquer compromisso com "a corrida de cavalos" em especial. A história vai mais ou menos assim...

O processo todo leva a uma variação de energia livre, a qual está relacionada com a transformação de energia química em energia cinética do deslocamento:

$$\Delta G = \Delta \varepsilon_{quim} + \Delta \varepsilon_{cin} \tag{8.4.10}$$

13 Baseado em Hoyt & Taylor, Gait and the energetics of locomotion in horses, *Nature*, 292, p.239-40.

Nosso interesse é obter a derivada temporal dessa equação (para chegar na geração de entropia). Mais ainda, consideraremos apenas o sistema em regime permanente, ou seja, quando a velocidade e o consumo de energia são fixos, a temperatura corpórea não varia, etc.

A variação da energia química é obtida pela variação (queda) de entalpia dos combustíveis utilizados no processo (por exemplo, glicose). Assim, de uma maneira geral:

$$\Delta\varepsilon_{quim} = \int \dot{m} \cdot \Delta H \cdot dt$$

sendo $\dot{m}$ o fluxo de combustíveis. A medida que, atualmente, se faz para estimar o gasto energético de organismos é a da taxa de consumo de oxigênio $\dot{V}_{O_2}$. Claro, estamos nos referindo a organismos e/ou processos cuja fonte de ATP é, basicamente, o metabolismo aeróbio. Assim, a nossa estimativa de queda na entalpia será dada por $\dot{V}_{O_2}$. Empiricamente, tem-se que o fluxo de elétrons pela cadeia respiratória consome uma mesma quantidade de oxigênio por mol independentemente do combustível. Dessa maneira, escrevemos:

$$\dot{V}_{O_2} = \frac{\dot{m} \cdot \Delta H}{\xi} \tag{8.4.11}$$

sendo ξ uma constante que relaciona o consumo de oxigênio ao consumo de combustíveis.

A variação temporal da energia cinética já foi vista (equação 8.4.4b). Dessa forma, obtemos a taxa de variação da energia livre:

$$\frac{d\Delta G}{dt} = -\xi \cdot \dot{V}_{O_2} + M \cdot u \cdot \frac{du}{dt} \tag{8.4.12}$$

Utilizamos M para indicar a massa do animal em vez de m, para evitar confusão com o fluxo de combustíveis mais acima. Note, ainda, que já colocamos um sinal de menos antes da variação de entalpia, pois, como dito anteriormente, é uma diminuição.

Nas condições de regime permanente preconizadas, temos que a velocidade não varia. Logo, du/dt = 0. Assim, ficamos com a seguinte igualdade:

$$T \cdot \sigma^* = -\frac{d\Delta G^*}{dt} = \xi \cdot \dot{V}_{O_2} \tag{8.4.13}$$

Por fim, temos, empiricamente, que a taxa de consumo de oxigênio é linearmente relacionada à velocidade desenvolvida: $\dot{V}_{O_2} \propto u$. Portanto, de acordo com 8.4.13, temos as seguintes proporcionalidades:

$$\sigma \propto \dot{V}_{O_2} \propto u$$

Ou seja, a geração de entropia desse processo biológico é apenas uma função linear da velocidade desenvolvida. *Portanto, dessa perspectiva, justificam-se todas as análises habitualmente feitas em relação aos processos biológicos somente sob a óptica da Primeira Lei, em relação a gastos e eficiências*, sem que se considerem os aspectos relacionados à Segunda Lei.

Este tipo de proximidade quantitativa entre a geração de entropia e a potência dissipada ocorre devido à proximidade entre a variação da energia livre de Gibbs e a de entalpia, que é o fator dominante nas transferências de energia nos processos biológicos. Em outras palavras, como os processos biológicos sob análise são forte e amplamente dependentes da variação de entalpia dos combustíveis (glicose, por exemplo), a variação de energia livre de Gibbs se aproxima desta, e, como consequência, a geração de entropia é quase a potência dissipada corrigida para a temperatura do processo.

Parte III
Entropia e informação

9
Informação e Termodinâmica

Considerações iniciais

Nesta parte do livro, abordaremos a possível sobreposição que existe entre a entropia e a informação. É interessante notar que, a partir da perspectiva termodinâmica clássica, parece um tanto estranha tal sobreposição. Ela surge, na verdade, quando se procura dar uma interpretação molecular (ou particulada, ou microscópica, como queira o leitor) à entropia termodinâmica, discutida anteriormente. É, então, nessa perspectiva microscópica que se têm traçado relações entre esses conceitos, e inúmeras formulações de "entropia" povoam a literatura científica.[1] O que importa é ter em mente, desde já, que tais formulações se relacionam somente à entropia termodinâmica de um sistema, no sentido estatístico, quando no estado de equilíbrio.[2] É nesse estado de coincidência que se tem a formulação da "entropia informacional de Shannon". Assim, neste capítulo, procuramos expor as semelhanças e as diferenças entre a entropia física (de Clausius e Boltzmann) e a medida de *incerteza informacional*, associada

1 Criando muita confusão, pois, a um olhar desatento, pode parecer que se está falando sempre da mesma coisa.

2 Ver Lindblad, *Non-equilibrium entropy and irreversibility*, p.8.

à teoria da informação, amplamente conhecida como "entropia de Shannon".

A "entropia de Shannon" e a entropia de Clausius e Boltzmann têm, em comum, a formulação que as quantifica, isto é, ambas são representadas pela mesma função, como veremos logo mais. Contudo, a "entropia de Shannon" é, na verdade e em princípio, uma medida de incerteza relacionada às distribuições de probabilidades, e não uma função de estado termodinâmico. Dessa maneira, a presente discussão parece relevante, uma vez que a definição informacional, que é bem colocada matematicamente, também permite tratar das questões relativas aos estados termodinâmicos.

Em realidade, existem inúmeras outras funções, ou formulações, de entropia informacional além da de Shannon,[3] muitas buscando generalizar a anterior. A tal ponto que, se imaginássemos a entropia informacional como possuidora de características humanas, possivelmente ela se identificaria com Vintangelo Moscarda, a personagem de *Um, nenhum, cem mil*, de Pirandello, que enlouquece na busca por definir a si mesmo diante das inúmeras possibilidades de ser Moscarda. Ao supor que, para cada um de seus amigos e familiares, ele, Moscarda, era visto de forma distinta, ou seja, que para cada um existia um Moscarda particular, que não era o mesmo para sua mãe ou sua esposa, e que esses dois, de fato, não eram o mesmo nem para ele mesmo, o anti-herói de Pirandello passa a viver perturbado com a impossibilidade de estabelecer uma identidade pessoal única ante essa variedade de identidades. Como resultado da impossibilidade de ser um só, termina por ser todos os cem mil de uma só vez, o que, em termos práticos, é nenhum Moscarda. O manicômio passa a ser, então, a morada de todos os Moscarda possíveis, os que existem e os que venham a existir.

Embora para todos tivesse o mesmo nome, fica claro que não é possível supor que esse atributo basta para definir um indivíduo. Nesse sentido, uma questão se abre: será que, em algum momento,

3 Ver, por exemplo, Taneja, *Generalized information measures and their applications*.

dadas certas condições, os distintos Moscarda poderiam ser vistos como um só? Ou seja, todas as distintas visões convergiriam para uma só? A pobre personagem fica sem saber. Contudo, nós, aqui, vamos tentar responder a essa questão, evidentemente num contexto bem mais simples: longe de uma investigação ontológica, a proposta aqui é dirimir uma angústia, por assim dizer, técnica.

Então, qual seria a melhor maneira de definir as coisas, sejam elas objetos concretos ou abstratos, desde uma cadeira, passando por notas musicais, pensamentos, sentimentos e até a liberdade, ou mesmo o conjunto dos números reais? É claro que o grau de dificuldade em definir cada uma dessas coisas não é o mesmo. E Moscarda fica louco porque não existe uma definição de Moscarda, sequer de indivíduo.

Seguramente muito mais simples que o campo da definição da personalidade, embora tão disputado quanto, talvez seja o conceito de entropia, desde sua primeira aparição, devida a Clausius.[4] Desde então, uma vez proposto, o conceito não cessou de gerar polêmica e novas aparições, chegando às propostas mais recentes de reinterpretar a entropia como uma propriedade da conformação espacial da molécula, o que resultaria na possibilidade de discutir entropia de um sistema com apenas uma molécula.[5]

O conceito microscópico da entropia não é algo vago ou místico, como muitas vezes costuma ser tratado (veja a parte I para a conceituação física termodinâmica da entropia, nos capítulos 4 e 6). Embora sua definição precisa fique bastante bem caracterizada dentro dos domínios da Mecânica Quântica,[6] na Mecânica clássica acaba por carregar certa imprecisão e conclusões forçadas, sem a generalidade pretendida, dando margem ao estabelecimento de paradoxos e confusões. Diga-se de passagem, confusões intensificadas à medida

---

4 Ver Cox, *The algebra of probable inference.* Inicialmente, Clausius não usa a palavra "entropia"; faz isso apenas em 1865, com uma formulação matemática do conceito.

5 Gyftopoulos, Entropies of statistical mechanics and disorder versus the entropy of thermodynamics and order, *Journal of Energy Resource Technology*, 123, p.110-8.

6 Wehrl, General properties of entropy, *Reviews of Modern Physics*, 50, p.221-60.

que se junta a entropia termodinâmica (de Clausius e Boltzmann) às quantidades de incerteza informacional, também chamadas de entropias. A ideia principal aqui é discutir alguns aspectos do conceito microscópico de entropia, que se inicia com a fenomenologia termodinâmica, e aquilo que posteriormente se convencionou chamar também de entropia, as ditas entropias informacionais. Essas "entropias" aparecem com o estudo de sistemas de telégrafos desenvolvido pelo engenheiro americano Claude Shannon, como veremos adiante. Já dissemos antes e vamos repetir: o leitor deve ter em mente que a entropia termodinâmica e a entropia informacional são conceitos essencialmente distintos.

Contar e medir parecem ser, em certo sentido, uma obsessão, e arriscamo-nos a dizer que não apenas humana, mas de toda a realidade biológica. Seguramente, tal obsessão não é nem um pouco descabida ou desprovida de importância, porque remonta à própria capacidade do ser vivente de estabelecer-se e organizar-se. Em particular, o *Homo sapiens*, desde os primeiros recursos de associação entre os nós de uma corda e uma determinada extensão, até as grandes abstrações modernas, tem o contar e o medir[7] como recursos fundamentais de relacionamento com o mundo. A importância de estabelecer uma unidade padrão para o que se deseja medir, primeiramente numa associação direta entre essa unidade e o objeto de interesse e, depois, com o descolamento (ou desvinculação) entre o objeto real e, digamos assim, o objeto de medida, parece caracterizar também a importância da abstração da ideia de medida, que serve não apenas para medir os objetos que se estampam diante de nossos olhos (comprimento, área, etc.), mas também elementos abstratos, como conjuntos generalizados, temperatura, incerteza informacional, entropia ou tons de cinza.

Nessa direção, embora tanto a entropia termodinâmica quanto as entropias informacionais sejam todas medidas, com as mesmas

7 O contar como restrito ao mundo formal (que tem forma), enquanto o medir não é restrito à forma, é mais abstrato.

propriedades matemáticas requeridas de uma medida,[8] elas não representam necessariamente os mesmos elementos. Exatamente da mesma maneira que duas pessoas com o mesmo nome não se tornam a mesma pessoa, a quantidade relacionada à teoria da informação é uma medida de incerteza associada a uma variável aleatória, e não uma medida termodinâmica de estados. Assim, Shannon teria poupado muita confusão se tivesse chamado sua expressão de incerteza informacional, e não entropia informacional, pois esta última quase sempre acaba sendo referida apenas como entropia (o leitor pode se lembrar do conselho de von Neumann a Shannon, apresentado no capítulo 1, origem dessa confusão).

Maxwell e "seu" demônio

A verdadeira lógica deste mundo está no cálculo de probabilidade.

James Clerk Maxwell

Na ciência, as ideias se desenvolvem fundamentalmente na busca por generalizações e em questionamentos sobre sua pertinência. O mesmo aconteceu na Termodinâmica. Assim, uma pergunta importante que surge diz respeito aos domínios de aplicação de suas ideias, a saber: seria a Termodinâmica aplicável tanto aos sistemas macroscópicos como aos sistemas microscópicos? A resposta imediata a essa pergunta, induzida pelo sucesso da Termodinâmica, foi positiva. Essa visão, defendida por Clausius e Boltzmann, sugeria que as ideias da Termodinâmica teriam validade universal, ou seja, não dependeriam da escala considerada. Porém, essa suposta universalidade encontra uma grande barreira pela frente: Maxwell, ou, mais especificamente, uma alegoria criada por ele para defender a necessidade de limitar a validade da Segunda Lei apenas aos sistemas macroscópicos.

8 Como veremos: continuidade, monotonicidade e aditividade. Como vimos, no caso da entropia de Shannon, é a mesma função matemática que as descreve.

Maxwell foi um dos primeiros cientistas a defender o emprego de métodos estatísticos e probabilísticos no estudo de sistemas termodinâmicos. Sistemas foram definidos no capítulo 1, de maneira geral e sucinta, o que nos serviu de forma adequada até aqui. Contudo, como foi sublinhado no capítulo 4, existe um caráter que se torna quase etéreo na entropia. Tal caráter decorre da conexão que se busca entre a observação macroscópica do sistema e os eventos microscópicos relacionados a tal observação. Sendo assim, vale a pergunta: o que são, afinal, sistemas termodinâmicos? São sistemas formados por um grande (enorme, de fato) número de partículas movimentando-se em diferentes velocidades e colidindo umas com as outras de maneira aleatória. Em outras palavras, um sistema termodinâmico é aquele cujos detalhes microscópicos são desconhecidos, mas cujas propriedades macroscópicas se tornam bem definidas dado o grande número de partículas que o constituem.

Dessa perspectiva, Maxwell emprega a estatística no estudo das propriedades dos gases, criando a noção de função de distribuição, que governa a velocidade das moléculas de um gás. Esta é, seguramente, a primeira grande investida a favor de uma interpretação estatística da Termodinâmica.

Ao perceber que nos modelos da Mecânica clássica nada impede que o movimento das partículas seja reversível, Maxwell imagina que essa reversibilidade deva resultar em uma redução na entropia. Assim, faz um exercício de pensamento e concebe um ser que teria a capacidade de atuar no sistema reduzindo sua entropia. Nas palavras do próprio Maxwell (numa tradução nossa):

> Um dos fatos mais bem estabelecidos na Termodinâmica é a impossibilidade de um sistema isolado – que não permite a mudança de volume ou a passagem de calor, e no qual tanto temperatura como volume são iguais em todas as partes – produzir qualquer desigualdade de temperatura ou pressão sem trabalho.
>
> [...] Mas se concebêssemos um ser de capacidades tão apuradas que fosse capaz de seguir todas as moléculas em suas trajetórias, esse ser, cujas capacidades são ainda tão finitas como as nossas, seria capaz

de fazer aquilo que atualmente é impossível para nós. Sabemos que moléculas em um cilindro cheio de ar a temperatura uniforme não se movem com velocidade uniforme; mesmo assim, a velocidade média de qualquer grande número de moléculas, selecionadas arbitrariamente, é exatamente uniforme (ver Figura 9.1). Agora, suponhamos que esse cilindro seja dividido em duas partes, A e B, por uma divisão que contenha um pequeno buraco, e um ser, que pode ver as moléculas individualmente, abre ou fecha esse buraco para permitir que as moléculas mais rápidas passem de A para B, e apenas as mais lentas passem de B para A. Ele irá, assim, sem realizar trabalho, aumentar a temperatura de B e reduzir a de A, em contradição com a Segunda Lei da Termodinâmica (ver Figura 9.2).

Ao lidar com massas de matéria, enquanto não percebemos as moléculas individualmente, somos forçados a adotar o que descrevi como o método estatístico de cálculo e abandonar o método estritamente dinâmico, no qual seguimos todo o movimento com o cálculo.[9]

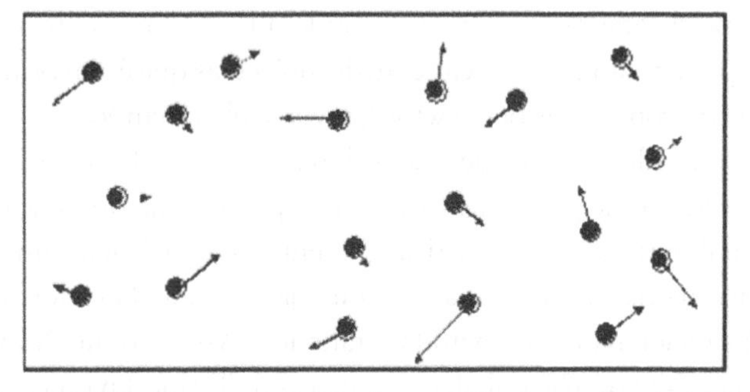

Figura 9.1. Representação das moléculas de gás movendo-se em um tubo. As setas representam o vetor velocidade com que se movem, de maneira que setas maiores indicam moléculas mais rápidas e setas menores, mais lentas.

9 Maxwell, *Theory of heat*, capítulo 12, citado por Gyftopoulos, Entropies of statistical mechanics and disorder versus the entropy of thermodynamics and order, *Journal of Energy Resource Technology*, 123, p.110-8.

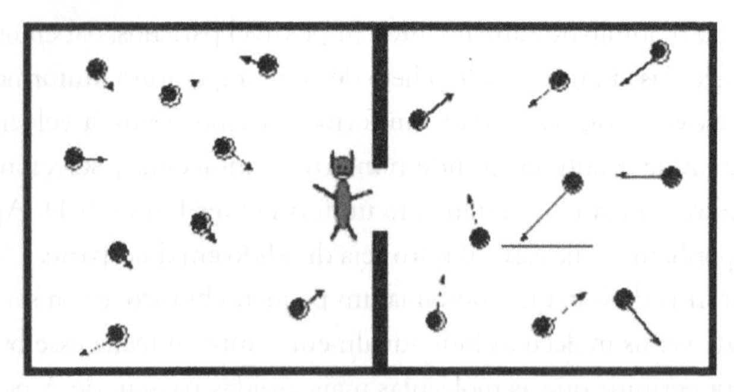

Figura 9.2. Redistribuição "demoníaca". Após a atuação do "porteiro" de Maxwell, moléculas mais rápidas ficam em B, e mais lentas, em A. Sem a realização de trabalho, a temperatura em B aumenta, ao mesmo tempo que em A cai, implicando uma violação na Segunda Lei.

Mais tarde, o ser concebido por Maxwell será batizado por Kelvin como *demônio inteligente de Maxwell*[10] e passará a figurar como o paradoxo da reversibilidade.[11] Tal paradoxo precisaria ser solucionado de qualquer maneira por violar a Segunda Lei, ou a sua universalidade.

A grande questão que se coloca desde então é: como a irreversibilidade pode resultar do movimento de moléculas que é, em princípio (de acordo com as leis de Newton), reversível no tempo?

Na verdade, na visão de Maxwell não existe nenhum paradoxo, e seu exercício de pensamento apenas explicita uma diferença fundamental entre as características inerentes à abordagem dinâmica proveniente da Mecânica clássica, ou seja, o racional newtoniano, e àquelas relacionadas ao método estatístico. Assim, o que Maxwell busca com seu ser não é abalar os alicerces da Termodinâmica, revelando uma suposta fragilidade da Segunda Lei, mas, sim, sustentar o seu entendimento de que tal lei deveria ser encarada como uma

10 Em réplica a isso, Maxwell tentou chamar seu ser de *válvula*, porém, de forma bastante significativa, o nome *demônio* jamais deixou de ser utilizado, provavelmente por remeter a algo conflituoso que precisava ser solucionado.

11 Thomson, The sorting demon of Maxwell, *Proceedings of the Royal Society of London*, 9, p.113-4.

lei estatística de validade limitada apenas aos sistemas macroscópicos (termodinâmicos). Desse modo, ela não poderia ser aplicada irrestritamente a qualquer sistema, como propunham Clausius e Boltzmann. Porém, essa restrição, ou melhor, esse refinamento da Segunda Lei introduzido por Maxwell, por atacar exatamente sua universalidade, ainda gera grande discussão.

Muitas foram – e continuam sendo – as tentativas de exorcizar o demônio maxwelliano, numa busca desesperada por preservar a aplicabilidade irrestrita da Segunda Lei.[12] De forma geral, o que está por trás de todas essas "sessões" de exorcismo é sempre apresentar a possível redução de entropia no sistema, por parte do demônio, como não isenta de um custo entrópico no entorno, que acabaria compensando tal redução. Nas palavras de Slizard, o precursor dos exorcismos que envolvem teoria da informação (tradução nossa),

> Se não quisermos admitir que a Segunda Lei foi violada, devemos concluir que ... a medida de x por y deve ser acompanhada de uma produção de entropia.[13]

Nesse sentido, para realizar suas operações, o demônio precisaria aumentar a entropia no processo. E aqui começa boa parte das interferências, assim o digamos, entre entropia termodinâmica e entropia informacional.

Boltzmann e "sua" desordem

Boltzmann é o primeiro a buscar interpretar a entropia termodinâmica como uma medida da "desordem" de um sistema, termo utilizado para caracterizar o número de microestados ou

12 Callender, A collision between dynamics and thermodynamics, *Entropy*, 6, p.11-20; e Leff & Rex, *Maxwell's Demon 2*.

13 Szilard, On the decrease of entropy in a thermodynamic system by the intervention of intelligent beings, citado por Callender, A collision between dynamics and thermodynamics, *Entropy*, 6, p.11-20.

configurações que apresentam as mesmas propriedades macroscópicas de um sistema.

Nas suas palavras, "os sistemas tendem a passar dos estados ordenados para os estados desordenados, e não o contrário, porque o número de estados desordenados é muito maior que o número de estados ordenados ...".[14]

Nesse sentido, na definição de Boltzmann, a entropia deve ser uma medida do número de microestados, os estados microscópicos possíveis (basicamente, posição e *momentum*), em concordância com as propriedades macroscópicas, ou macroestados observáveis (energia, volume, pressão, etc.), para um sistema em equilíbrio térmico. De tal premissa, origina-se sua tão famosa expressão:

$$S = k_B \cdot \ln(W)$$

em que W é o número de microestados consistentes com um dado macroestado observável e $k_B = 1.38066\text{x}10^{23}\ \text{J} \cdot \text{K}^{-1}$, a constante de Boltzmann.

Outro ator importante no desenvolvimento dessas ideias foi Willard Gibbs. A partir dos trabalhos de Maxwell e Boltzmann, Gibbs introduziu uma fórmula mais abrangente para o cálculo da entropia:

$$S = -k \sum_{i=1}^{n} p(x_i) \cdot \ln(p(x_i))$$

sendo $p(x_i)$ a probabilidade de o sistema estar no microestado x_i e n o número total de microestados. Repare, na última expressão, que, se $p(x_i)$ representa estados igualmente prováveis, ou seja, $p(x_i) = \frac{1}{n}$ para todo x_i (como supunha Boltzmann para sistemas isolados e em equilíbrio térmico), então essa expressão se resume à entropia de Boltzmann, dada anteriormente. Normalmente, refere-se a essa

14 Citado por Gyftopoulos, Entropies of statistical mechanics and disorder versus the entropy of thermodynamics and order, *Journal of Energy Resource Technology*, 123, p.110-8.

expressão como *entropia de Boltzmann-Gibbs*. Chamamos a atenção, ainda, para o fato de, matematicamente, esta ser idêntica à medida de incerteza informacional de Shannon, como veremos mais adiante.

Algumas considerações preliminares quanto à entropia informacional

Um caminho possível para entendermos o significado da medida de entropia informacional proposta por Shannon se dá a partir de nossas experiências diárias e está intimamente relacionado às nossas capacidades de inferência. Muitos exemplos são possíveis, já que nossa experiência está repleta deles.

Todos aqueles que moram em cidades populosas convivem com tráfego intenso de veículos e enormes filas de congestionamento, principalmente durante os dias úteis, pela manhã e nos finais de tarde. Isso é o que se espera. Qual não seria o espanto se, ao sairmos de casa numa segunda-feira pela manhã, não encontrássemos nenhum congestionamento? Qual a chance de isso acontecer, segundo nossa experiência com as segundas-feiras? Entre a alegria e a desconfiança, logo nos perguntaríamos: "o que estará acontecendo?". Independentemente da explicação, o fato chamará muito nossa atenção. A situação pode se inverter: ao sairmos de casa num domingo, ficaríamos bastante surpresos se encontrássemos um grande congestionamento, pois isso não é algo que ocorre com frequência. Agora, imagine como ficaríamos surpresos se, ao colocarmos uma garrafa com água na geladeira, após algumas horas, ela não estivesse gelada, mas à mesma temperatura de antes ou, pior ainda, se estivesse com temperatura mais elevada!

Todos esses eventos, os horários relacionados aos picos de trânsito nas cidades, os dias da semana de maior tráfego ou a temperatura dentro da geladeira podem, de uma forma ou de outra, ser relacionados ao cálculo de probabilidades. De forma geral, no estudo de probabilidades qualquer processo observacional leva o nome de experimento aleatório,[15] devido ao fato de não podermos afirmar, com certeza, o resultado do experimento. Dois exemplos canônicos, por sua simplicidade, são o resultado do jogo "Cara ou Coroa" com uma moeda ou de um dado com seis faces. O tráfego de veículos e a temperatura seriam exemplos menos óbvios neste momento, porém, todos guardamos uma ideia intuitiva de que estão relacionados a certa probabilidade de ocorrer.

Acontece que, embora não possamos afirmar exatamente qual face se dará a ver ao jogarmos uma moeda ou um dado, pois muitos fatores influenciam esse resultado – para citar alguns, o vento, a posição ou altura da mão, a força aplicada pelo jogador, a gravidade local, a gravidade de outros planetas, a emissão dos raios cósmicos provenientes da explosão de uma estrela no século II, as irregularidades do terreno, etc. –, sabemos quais são os possíveis valores a serem assumidos pela moeda: *Cara* ou *Coroa*.[16] No caso do dado, valores inteiros de 1 a 6. Obviamente, a situação se complica bastante quando estivermos interessados em estudar fenômenos menos corriqueiros. Em todo caso, a ideia central aqui é chamar atenção para a importância de caracterizar bem o conjunto de todos os possíveis valores a serem assumidos em um experimento aleatório. A esse conjunto damos o nome de *espaço amostral*.

Usualmente, ao espaço amostral de um experimento aleatório se dá o nome de Ω. Assim, no experimento de lançar a moeda:

$$\Omega = \{Cara,\ Coroa\}$$

---

15 A palavra "aleatório" tem gerado grande discussão. Simplesmente não existe uma definição formal para ela. O sentido que adotamos aqui é o expresso da maneira mais corriqueira, ou seja, com vistas a traduzir a impossibilidade de dizermos de antemão qual será o resultado para um experimento qualquer. Dessa maneira, temos a oposição ao termo "determinístico", proveniente da Mecânica clássica, indicativo de que, conhecidas e satisfeitas todas as condições iniciais, os estados seguintes são determinados pelas equações que regem a dinâmica em questão.

16 Poincaré, em seu belíssimo livro *O valor da ciência*, chama a atenção para o fato de não existirem relações de causa e efeito, e sim relações de causas e efeitos.

Que são os dois únicos resultados que estamos considerando possíveis.[17] E, no caso do lançamento do dado, qual é o espaço amostral Ω? $\Omega = \{1, 2, 3, 4, 5, 6\}$ parece ser bastante razoável. Assim, espera-se que, ao lançar um dado, apenas um entre os seis valores possíveis do espaço amostral seja assumido.

Expressos dessa maneira, fica claro que os espaços amostrais são distintos, não por representarem experimentos distintos,[18] mas, principalmente, por conterem um número distinto de elementos. É exatamente esse fato que estabelece uma diferença acerca da incerteza quanto ao resultado dos experimentos aleatórios, incerteza que seria adequado quantificar de alguma maneira.

Cabe ainda esclarecer o que significa a expressão "evento aleatório". Formalmente, evento é todo subconjunto possível que se pode formar com os elementos do espaço amostral. Agora, restringindo um pouco, quando nos referirmos a evento aleatório, ou simplesmente evento, estaremos nos referindo aos eventos ditos elementares, ou seja, àqueles representados pelos subconjuntos unitários cujos únicos elementos são os componentes do espaço amostral. Por exemplo, para o experimento de lançar a moeda, como o espaço amostral possui apenas dois elementos, os únicos dois eventos elementares possíveis são os subconjuntos unitários $\{Cara\}$ e $\{Coroa\}$. Os elementos do espaço amostral também são conhecidos como pontos amostrais; assim, *evento elementar* é o

---

17 Serão esses os dois únicos resultados possíveis, realmente? Para a simplificação de nossa análise, sim. Mas suponhamos que se decida realizar o experimento aleatório na areia da praia. Nesse caso, o espaço amostral deve mudar, pois a moeda pode não assumir nem cara nem coroa: ela pode simplesmente cair em pé, ou nem cair – uma ave pode engolir a moeda no momento em que é lançada para o alto. Ainda que pareçam reflexões descabidas, por serem possibilidades ínfimas ou soarem absurdas, ao menos em primeira instância, elas servem para chamar a atenção quanto ao não absolutismo na definição do espaço amostral. Assim, fica claro que é preciso tomar cuidado com as aves ao realizar um experimento aleatório... certamente quem já teve experiências com pombos sabe do perigo existente.

18 Nada impede que experimentos aleatórios distintos tenham o mesmo espaço amostral.

resultado do experimento aleatório que pode assumir o valor de qualquer um dos pontos amostrais.

Informação

A discussão anterior acerca da surpresa diante dos eventos pouco esperados se traduz em um conceito muito importante, introduzido em um trabalho pioneiro de Ralph Hartley, em 1928, que busca definir e formalizar o que seria o conteúdo de informação associado a um experimento aleatório.[19]

Hartley parte da constatação básica de que o resultado de um experimento só é informativo se existirem distintos valores que podem ser assumidos como resultado, ou seja, nas definições que acabamos de traçar, poderíamos dizer que um experimento é informativo apenas quando o espaço amostral possui mais de um elemento. Isso faz muito sentido. Imaginemos um experimento que só tenha uma possibilidade de resultado, por exemplo, soltar uma pedra da altura de 2 metros do solo, sem nenhuma obstrução no caminho, sendo as únicas forças atuantes a gravidade e a resistência do ar. Assim, o espaço amostral para esse experimento só contém um elemento: $\Omega = \{chegar\ ao\ solo\}$. Agora, se repetirmos esse experimento várias vezes, exatamente da mesma maneira, o que acontece com essa pedra? Pode-se esperar algo além de ela chegar ao solo? Nesse caso, devemos ter como nula a medida de autoinformação. Quanto à discussão de surpresa feita, as repetições desse experimento não devem nos trazer nenhuma novidade.

Outra forma de concluir o mesmo é pelo cálculo de probabilidades. Por esse caminho, a autoinformação relacionada ao resultado de um experimento aleatório depende apenas da probabilidade de ocorrência desse resultado. No exemplo anterior, qual é

19 Hartley, Transmission of information, *Bell System Technical Journal*, 535. Hartley chama sua medida apenas de *informação*, mas atualmente é usual se referir a ela como *autoinformação*.

a probabilidade de ocorrência de um evento elementar cujo espaço amostral apresenta apenas um elemento? p(*"chegar ao solo"*) = 1 (lê-se: "a probabilidade de 'chegar ao solo' é igual a um"). Com isso, podemos estabelecer a seguinte relação: a autoinformação associada, em termos de teoria de probabilidades, ao resultado do experimento aleatório, ou, em termos de teoria da informação, ao recebimento da informação, é, de alguma maneira, *inversamente proporcional à* probabilidade desse evento. Eventos raros, com baixa probabilidade de ocorrência, são muito informativos; eventos comuns, com alta probabilidade, são pouco informativos. O que se quer dizer por "informativo"? Em teoria da informação, informativo relaciona-se à probabilidade de mudança de estado do receptor da mensagem. Ou seja, uma mensagem é informativa se causa mudança naquilo que o receptor da mensagem faz em decorrência do recebimento. Por isso, costuma-se dizer, de forma um pouco solta, que eventos raros são altamente informativos, enquanto eventos corriqueiros não o são, uma vez que seu acontecimento é sempre esperado e, portanto, não causará grandes mudanças no receptor.

Em termos mais precisos, para eventos equiprováveis, ou seja, eventos que têm exatamente a mesma probabilidade de ocorrência, o número de elementos do espaço amostral define, em sentido de frequência relativa, a probabilidade de ocorrência dos eventos aleatórios. Por exemplo, no experimento de lançamento da moeda repetidas vezes, a princípio não temos nenhum motivo para supor que uma das faces deva sobrepor a outra em número de ocorrências.[20] Assim, tanto *Cara* como *Coroa* devem ter exatamente a mesma chance de ocorrer, e podemos calcular a probabilidade de ocorrência desses eventos. No que se refere a frequência relativa, a probabilidade é definida como o número de vezes do evento de interesse dividido pelo número de vezes que se realizou o experimento. Dessa maneira, temos, num espaço amostral equiprovável:

---

20 Voltaremos a esse fato quando discutirmos o método da máxima entropia. Quando nada se sabe acerca da distribuição dos dados, a distribuição de probabilidades que maximiza a entropia é uniforme.

$$p(\text{Cara}) = \frac{\text{número de ocorrências possíveis do evento cara}}{\text{número total de eventos possíveis}} = \frac{1}{2}$$

Idem para Coroa:

$$p(\text{Coroa}) = \frac{\text{número de ocorrências possíveis do evento coroa}}{\text{número total de eventos possíveis}} = \frac{1}{2}$$

Então, de forma geral, como medida de informação I relacionada a certo resultado x, que pode assumir, em cada repetição do experimento aleatório, n valores distintos (correspondendo ao número de elementos do espaço amostral), cada qual com probabilidade p(x) de acontecer, definimos a seguinte função numa dada base arbitrária b de escolha:

$$I(x_i) = \log_b\left(\frac{1}{p(x_i)}\right) = -\log_b(p(x_i)) \quad \text{(unidade de informação)} \quad (9.1)$$

Note que colocamos o índice "i" subscrito para indicar cada um dos resultados possíveis do conjunto. Para mais detalhes sobre o porquê da igualdade na expressão 9.1, ver apêndice 1 sobre a função logaritmo.

Sendo $p(x_i)$ a probabilidade de o experimento aleatório ter como resultado x_i, poderíamos, de maneira sutilmente distinta da discussão anterior, associar o seguinte significado à medida expressa por 9.1: $I(x_i)$ representa a quantidade de informação necessária para identificar o evento x_i, dado com probabilidade $p(x_i)$. Cabe destacar que, embora seja comum escrever a incerteza informacional relacionada a x_i como $I(x_i)$, exatamente por fazer referência a qual evento a medida diz respeito, a relação funcional dessa medida se estabelece, na verdade, como definida na expressão 9.1, com a probabilidade de ocorrência do evento, ou seja, I é função de $p(x_i)$.

Dessa maneira, a partir da expressão 9.1, podemos concluir que, quanto menor for a probabilidade $p(x_i)$ de ocorrência do evento x_i, ou seja, à medida que $p(x_i) \rightarrow 0$, maior será a incerteza informacional associada, pois $I(x_i) \rightarrow \infty$.

Ou, ainda, *para o caso de eventos equiprováveis num espaço amostral* Ω, como definimos anteriormente, poderíamos simplesmente escrever:

$$I(x_i) = \log_b(n) \quad \text{(unidade de informação)} \qquad (9.2)$$

Pois, nessa situação, $p(x_i) = \frac{1}{n}$, para todo x_i, com i = 1, 2, 3, ..., n.

Na expressão 9.1, de medida de informação, achamos necessário chamar atenção para um ponto importante: a base do logaritmo define a unidade de medida de informação que estamos considerando. Por exemplo, se estivermos considerando uma medida em *bits*, b = 2 deve ser a base escolhida.[21] Assim, se o espaço amostral é composto por apenas um elemento, a incerteza relacionada a qualquer evento é dada por $\log_2(1) = 0$ *bit*. Como poderíamos traduzir esse resultado? Embora seja bastante simples como exercício de pensamento, é bastante interessante pensar em um processo cujo espaço amostral contenha apenas um elemento. Trata-se de um sistema que assume, invariavelmente, sempre o mesmo estado, o único contido no conjunto unitário que é o espaço amostral. Assim, qual poderia ser a incerteza associada a um sistema como esse? Ou seja, se sabemos de antemão que existe uma única possibilidade, então faz sentido que nossa certeza seja absoluta quanto ao estado desse sistema. É, por exemplo, a incerteza (nula) associada à mensagem transmitida pelo disco riscado quando a agulha entra na fissura que não lhe permite sair, considerando que o espaço amostral seja um único trecho da canção. O mesmo vale para qualquer processo em *loop*, emitindo sempre a mesma mensagem.

Mas e o experimento aleatório do lançamento da moeda? Lá, o espaço amostral é composto por dois elementos, referentes às duas possibilidades – *Cara* ou *Coroa*. A incerteza associada à possibilidade de obter, por exemplo, *Cara* é dada por

$$I(\text{Cara}) = \log_2\left(\frac{1}{0{,}5}\right) = \log_2(2) = 1 \text{ bit.}$$

21 Diversas bases podem ser escolhidas para o logaritmo, o que resulta em distintas unidades de informação; por exemplo, se escolhermos a base b = 2, a unidade de informação será o *bit*; já se escolhermos a base b = 10, a unidade será o Hartley.

Na leitura de um RNA mensageiro, se o ribossomo pode encontrar quatro bases (A, T, C e G) com igual probabilidade, então a incerteza associada a, por exemplo, encontrar C na leitura é dada como

$$I(C) = \log_2\left(\frac{1}{0{,}25}\right) = \log_2(4) = 2 \text{ bits.}$$

Por que se usa a função logaritmo? Antes de respondermos a essa pergunta, vamos tentar responder à seguinte: o que é o mínimo que se pode esperar de boa parte das medidas que fazemos corriqueiramente? Medida de qualquer coisa – comprimento, área, volume, bolinhas numa cesta... De maneira bastante intuitiva, o que se deve esperar é que, se dividirmos o todo em partes (podemos pensar, inicialmente, em um número finito de partes), então a soma da medida de todas as partes deve se igualar à medida do todo. Por exemplo, é o que acontece com a medida de área: se dividirmos uma quadra em diversas partes e calcularmos as suas áreas respectivas, a soma dessas áreas deve se igualar à área total da quadra, calculada como um todo. A essa característica damos o nome de *aditividade*.

Essa característica deve ser preservada na medida de informação de incertezas independentes. Por esse motivo, Hartley faz uso da função logaritmo. Com base nisso, vamos considerar dois experimentos aleatórios a serem realizados simultaneamente. Apenas para simplificar, suporemos que os dois experimentos têm seus respectivos espaços amostrais com resultados equiprováveis. O primeiro consiste no lançamento de um dado com seis faces; o segundo, no lançamento de uma moeda.

O lançamento do dado tem seis resultados possíveis, e o da moeda, dois. Chamaremos cada resultado possível do dado por x_i, e da moeda, por y_j. Assim, o lançamento conjunto apresenta 6 · 2 = 12 resultados possíveis: {1&Cara, 1&Coroa, 2&Cara, 2&Coroa,..., 6&Cara, 6&Coroa}, sendo que "&" indica a concomitância "e". Nesse conjunto de resultados possíveis, composto pela combinação dos resultados do lançamento do dado com os do lançamento da moeda, a incerteza informacional, ou simplesmente a informação associada a qualquer um dos resultados dos lançamentos conjuntos, pode ser medida por meio de 9.2:

$$I(\{x_i, y_j\}) = \log_2(6 \times 2) = \log_2(2) + \log_2(6) \cong 1 + 2{,}5849 = 3{,}5849 \text{ bits}$$

Note-se, então, que o resultado obtido corresponde à soma dos resultados individuais, ou seja, a incerteza informacional associada à realização conjunta é igual à soma das incertezas individuais.

Podemos generalizar esse resultado da seguinte maneira: dados dois experimentos aleatórios tais que o primeiro assume valores entre os elementos do conjunto $\{x_1, x_2, ..., x_n\}$ de maneira equiprovável, ou seja, $p(x_i) = \frac{1}{n}$ para todo i = 1, 2, 3, ..., n, e o segundo entre os elementos do conjunto $\{y_1, y_2, ..., y_m\}$, também de maneira equiprovável, $p(y_j) = \frac{1}{m}$ para todo j = 1, 2, 3, ... m, existem n x m resultados possíveis. Logo, a incerteza associada ao evento conjunto pode ser calculada como:

$$I(\{x_i, y_j\}) = \log_2(n \times m) = \log_2(n) + \log_2(m) \text{ bits} \quad (9.3)$$

E, assim, podemos concluir que a incerteza associada à realização conjunta de dois experimentos independentes pode ser obtida pela expressão 9.3 como a soma das incertezas individuais dos dois experimentos separadamente. É fácil ver que essa conclusão pode ser estendida para problemas que envolvam mais de dois experimentos conjuntos.

Agora, o que acontece quando, em vez de medirmos a incerteza informacional associada a apenas um evento, estivermos interessados em avaliar todos os eventos possíveis associados ao espaço amostral Ω de uma só vez, inclusive nas situações de não equiprobabilidade (isto é, com alguns eventos mais prováveis que outros)? Ou seja, dados eventos $x_1, x_2, ..., x_n$, mutuamente exclusivos e que exaurem o espaço amostral Ω, com respectivas probabilidades de ocorrência dadas por $p(x_1), p(x_2), ..., p(x_n)$ satisfazendo $p(x_1) + p(x_2) + ... + p(x_n) = 1$ (isto é, a soma das probabilidades individuais dos eventos representa tudo o que pode ocorrer no experimento), como podemos medir a incerteza informacional associada a essa coleção?

Uma boa ideia é calcular a "média" da medida de informação associada a cada evento. Na verdade, o termo correto é *esperança*, pois essa abordagem servirá também para experimentos cujo espaço amostral são intervalos contínuos dos números reais e não discretos, como nos exemplos da moeda e do dado. O que veremos é que essa *esperança* é o que chamamos de *entropia informacional* ou *entropia de Shannon*.

Assim, podemos escrever a esperança E(X), no caso discreto, como:

$$E(X) = \sum_{i=1}^{\infty} x_i \cdot p(x_i)$$

E, de maneira semelhante, para uma variável aleatória contínua Y com função de densidade de probabilidade dada por f(y), a esperança matemática é dada por:

$$E(Y) = \int_{-\infty}^{\infty} y \cdot f(y)\, dy$$

Logo, a entropia informacional H(X) (de uma variável aleatória discreta X com espaço amostral $\{x_1, x_2, \dots x_n\}$) é dada como a esperança da incerteza informacional 9.1, como definimos anteriormente, ou seja:

$$H(p(x_1), p(x_2)) = -\sum_{i=1}^{2} p(x_i) \log_2(p(x_i)) \qquad (9.4)$$

Dada a função de probabilidade e a base b do logaritmo selecionada, podemos caracterizar a expressão 9.4 como a esperança (média) de incerteza informacional da variável aleatória X. Por exemplo, em engenharia de comunicação, ao interpretar-se x_i como uma transmissão, entre o conjunto $\{x_1, x_2, \dots, x_n\}$ de transmissões possíveis de uma dada fonte, a expressão 9.4 de entropia informacional representa a média da informação emitida por essa fonte.

Da mesma maneira, sua forma contínua é dada por:

$$H(Y) = \int_{-\infty}^{\infty} f(y) \cdot \log_b(f(y)) \cdot dy \qquad (9.5)$$

Dada a função de densidade de probabilidade f(y), a expressão 9.5 representa o análogo da entropia informacional de Shannon para o caso contínuo. A expressão 9.5 também é conhecida como entropia diferencial. Aqui, porém, vamos nos concentrar nos resultados relacionados ao caso discreto representado pela equação 9.4.

Vejamos o que ocorre se soubéssemos, de antemão, que num lançamento de moedas a chance de sair *Cara* é diferente da de sair *Coroa*. Como calculamos a incerteza num experimento com essas características? Seguramente, nesse caso, os eventos não são equiprováveis. A expressão 9.4 permite o cálculo da incerteza informacional para essa situação. Fazendo x_1 = *Cara* e x_2 = *Coroa*, tendo-se que p(*Cara*) = 1 – p(*Coroa*), podemos escrever:

$$H(p(x_1),p(x_2)) = -\sum_{i=1}^{2} p(x_i)\log_2(p(x_i))$$

$$= -p(x_1)\log_2(p(x_1)) - p(x_2)\log_2(p(x_2))$$

$$= -p(Cara)\log_2(p(Cara)) - p(Coroa)\log_2(p(Coroa))$$

$$= -p(Cara)\log_2(p(Cara)) - (1-p(Cara))\log_2(1-p(Cara))$$

Então, calculamos o valor da entropia informacional H para cada um dos valores de p(*Cara*). Esse cálculo é representado pelo gráfico (Figura 9.3) de H(p(*Cara*), p(*Coroa*)) em função de p(*Cara*) (o leitor deve ter em mente que, neste caso, sabendo o valor da probabilidade de obter-se *Cara*, sabe-se o valor da probabilidade de obter-se *Coroa*).

A axiomática de Shannon

Um movimento bastante comum na Matemática é a axiomatização da ideias. Com isso, agrupam-se os fatos primários, os chamados axiomas, de uma teoria ou sistema e, a partir deles, constroem-se as ideias ou relações subsequentes possíveis. Foi basicamente o que tratou de fazer Shannon para estabelecer a medida de incerteza informacional (à qual deu o nome de entropia). Assim, o conceito de

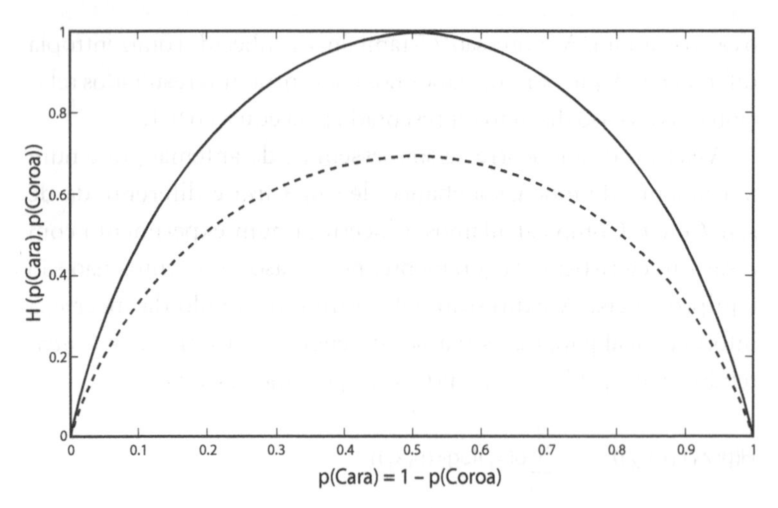

Figura 9.3. Representação gráfica de H(p(*Cara*), p(*Coroa*)) ao longo de todos os possíveis valores de p(*Cara*). Note como o maior valor de entropia informacional é dado quando os valores de probabilidade igualam-se, p(*Cara*) = p(*Coroa*) = 0,5. Linha contínua: logaritmo em base 2. Linha tracejada: logaritmo em base natural (e = 2,7183...).

entropia que surge na teoria da informação é introduzido pela definição de informação transmitida por um canal a partir de uma fonte de informação. Apresentaremos, agora, a construção dos axiomas de Shannon, de maneira que o leitor possa se inteirar do modo como se estabelecem várias assertivas feitas nesse campo do conhecimento.

Considere-se um experimento aleatório cujo conjunto de resultados seja discreto e finito. A esse experimento associaremos uma variável aleatória X, que assume um dos n resultados possíveis $\{x_1, x_2, ..., x_n\}$. As probabilidades de ocorrência desses resultados são, respectivamente, $p(x_1), p(x_2), ..., p(x_n)$. Cada uma dessas probabilidades se encontra entre zero e um, ou seja, $0 \leq p(x_i) \leq 1$; obviamente, a soma das probabilidades individuais vale um, ou seja,

$$\sum_{i=1}^{n} p(x_i) = 1.$$

Então, segundo Shannon, se existir uma medida de incerteza H(X) associada a esse experimento, é importante exigir que essa medida obedeça aos seguintes axiomas:

Axioma 1
H(X) deve ser uma função contínua de $p(x_i)$. De maneira intuitiva, isso quer dizer que pequenas mudanças nos valores das probabilidades dos eventos devem resultar em uma pequena mudança na entropia H(X) associada.

Axioma 2
Para eventos equiprováveis, H(X) deve ser monótona crescente. O que quer dizer que, se $p(x_1) = p(x_2) = \ldots = p(x_n) = \frac{1}{n}$, então H(X) é tanto maior quanto maior for n, ou seja, a incerteza aumenta conforme aumenta o número de resultados possíveis.

Axioma 3
H(X) deve ser aditiva. Se o resultado da realização de um experimento aleatório pode ser dividido em resultados de experimentos independentes, então a incerteza associada à realização conjunta de dois experimentos independentes pode ser obtida como a soma das incertezas individuais dos dois experimentos separadamente. Para um maior detalhamento, ver a seção anterior.

Então, Shannon prova que a única função H(X) que satisfaz esses três axiomas é:

$$H(X) = -k\sum_{i=1}^{n} p(x_i)\cdot \ln(p(x_i)) \qquad (9.6)$$

Assim, como a expressão 9.6 é a mesma encontrada na Mecânica Estatística, historicamente recebe também o nome de entropia (informacional da distribuição de probabilidades $p(x_i)$). Por representar a quantidade de incerteza acerca do resultado do experimento, talvez uma expressão mais adequada fosse *incerteza informacional.*

Para enfatizar que entropia informacional é uma propriedade de uma distribuição de probabilidades, poderíamos escrever, igualmente, $H(p(x_1), p(x_2), ..., p(x_n))$. Também é comum, para simplificar a notação, escrevermos $p(x_1) = p_1$, $p(x_2) = p_2$, ..., $p(x_n) = p_n$ e, da mesma maneira, $H(p_1, p_2, ..., p_n)$ também é correto. Outro ponto que vale sublinhar é a constante k na expressão 9.6. Ela é apenas uma constante que serve para ajustar a expressão a uma escala arbitrária de interesse, por exemplo, para trabalhar no intervalo entre zero e um.

Outra questão que merece destaque, conforme já discutimos no caso das expressões 9.1 e 9.2, é a base do logaritmo. Na expressão 9.6, escrevemos ln para ressaltar que a base utilizada por Shannon é o número *e*, ou seja, trata-se de um logaritmo neperiano (mais detalhes são apresentados no apêndice 1). A linha tracejada na Figura 9.3 ilustra o resultado da expressão 9.6 de *incerteza informacional*. Compare com a linha contínua, na mesma figura.

Jaynes e o princípio da máxima entropia

Ao realizarmos um experimento ou observarmos um sistema de interesse cujos resultados não podem ser conhecidos *a priori*, seria importante, ao menos, tentarmos avaliar como se daria uma proporção de ocorrências entre os resultados possíveis. Assim, avaliar ou inferir as probabilidades de ocorrência dos resultados torna-se a ferramenta indispensável em situações de, digamos, "cegueira analítica", nas quais as variáveis envolvidas e a relação entre elas não podem ser "garantidas", ou mesmo aproximadas, por equações determinísticas. *Do enfoque da teoria de probabilidade, o que se está tentando avaliar é qual seria a distribuição de probabilidades que melhor descreve os resultados que nos são apresentados.* Nada mais, nada menos.

Contudo, algumas propriedades, como média, variância, etc., normalmente estão à nossa disposição. Então, a questão que se coloca é, mais propriamente, descobrir qual é a distribuição de probabilidades que poderia caracterizar os eventos relacionados ao sistema, mas que obedeça exatamente às mesmas tais propriedades já conhecidas, sem imposição de nenhuma outra condição.

Para realizar essa tarefa, fazemos uso do *princípio de máxima entropia*,[22] uma técnica variacional motivada, originalmente, na Mecânica Estatística, tendo sido trabalhada pelo físico E. T. Jaynes (1957) como tentativa de relacionar o mundo macroscópico, cujas propriedades podemos mensurar, com o mundo microscópico das interações moleculares. A operação consiste na obtenção de uma distribuição de probabilidades que esteja de acordo com todas as informações "macroscópicas" de nosso conhecimento e que seja a menos enviesada possível diante das informações que não são de nosso conhecimento, ou seja, *que maximize a incerteza quanto àquilo que não se sabe.*

Nesse sentido, a definição de incerteza informacional ou entropia informacional, dada na expressão 9.6, provê tal medida de incerteza que pode ser maximizada matematicamente. Mais ainda, e de crucial importância, a expressão 9.6 é consistente com as propriedades "macroscópicas" conhecidas (ou momentos, em linguagem estatística, por exemplo, média e variância), que serão chamadas de *restrições do problema.*

Tecnicamente, a maximização da entropia informacional diante das restrições (informações ou propriedades conhecidas) se dá por meio de um artifício do cálculo variacional conhecido como *multiplicadores de Lagrange*. Essa técnica consiste, basicamente, em incorporar todas as restrições do problema de maximização (ou minimização) à expressão que será maximizada (ou minimizada). O detalhamento matemático é dado no apêndice 2.

Um primeiro exemplo bastante ilustrativo é encontrar a distribuição de probabilidades da variável aleatória X no caso em que tal

---

22 O princípio de máxima entropia não é a única técnica existente para realizarmos essa tarefa. A estimativa por máxima verossimilhança tem o mesmo objetivo, porém apresenta uma grande diferença em relação à máxima entropia: na máxima verossimilhança, a distribuição de probabilidades é "forçada", definida *a priori*, e os parâmetros do modelo têm seus valores estimados como sendo aqueles que maximizam a chance de obter os valores da amostra.

variável assume valores no conjunto discreto e finito $\{x_1, x_2, ..., x_n\}$ e mais nada é conhecido. Note-se que nada mais é conhecido, contudo uma coisa sabemos: estamos buscando uma distribuição de probabilidades, e isso já impõe uma restrição para nossa maximização – que a soma das probabilidades dos resultados individuais exaure o conjunto, ou seja:

$$\sum_{i=1}^{n} p(x_i) = 1 \tag{9.7}$$

Dessa forma, nosso problema trata de encontrar a distribuição $p(x_i)$ que maximiza a entropia informacional 9.6, restrita à condição 9.7. Para nossa "surpresa", o resultado é a distribuição uniforme,[23] ou seja, a distribuição na qual todos os eventos têm a mesma probabilidade de ocorrência:

$$p(x_i) = \frac{1}{n}$$

Esse resultado já era conhecido nosso, quando, no item anterior, para o problema do lançamento da moeda, constatamos graficamente (Figura 9.3) que a entropia informacional era máxima quando p(*Cara*) = p(*Coroa*) = ½. Só para recordar, naquela situação, tínhamos $n = 2$ e a variável aleatória X podia assumir dois valores, a saber, $\{x_1, x_2\}$ = {*Cara*, *Coroa*}.

Constatamos, assim, que uma propriedade da medida de entropia informacional é que esta assume seu valor máximo exatamente quando todas as probabilidades são iguais (situação de maior incerteza informacional). Em termos de experimentos aleatórios, quando "nenhuma" informação acerca de um sistema é conhecida e precisamos tentar avaliar as chances de um resultado em relação a outro, um palpite inicial que, guiado por essa propriedade, parece ser bastante razoável é atribuir probabilidades iguais de ocorrência aos distintos eventos (distribuição uniforme de probabilidades).

23 Para detalhes sobre como obtemos esse resultado, ver apêndice A2.

Vamos, agora, a um exemplo ainda mais importante. Suponhamos que, em vez de um completo desconhecimento a respeito de propriedades macroscópicas do sistema, conheçamos a média amostral $\langle X \rangle$. Assim, a distribuição de probabilidades deve obedecer, também, à seguinte restrição:

$$\langle X \rangle = \sum_{i=1}^{n} x_i p(x_i) \qquad (9.8)$$

Nesse caso, a distribuição de probabilidades que maximiza a incerteza informacional 9.6, sujeita às restrições 9.7 e 9.8, é dada por:

$$p(x_i) = \frac{e^{-\lambda_2 x_i}}{\sum_{i=1}^{n} e^{-\lambda_2 x_i}} \qquad (9.9)$$

Na equação acima, λ_2 é um multiplicador de Lagrange. Quando $p(x_i)$ satisfaz a restrição 9.8, podemos calcular, implicitamente, λ_2 por meio de:

$$\langle X \rangle = -\frac{\partial \ln\left(\sum_{i=1}^{n} e^{-\lambda_2 x_i}\right)}{\partial \lambda_2}$$

Para mais detalhes, ver apêndice 3.

Podemos atribuir o seguinte significado à função 9.9: considerando o conjunto de todas as possíveis distribuições de probabilidades que "geram" as informações conhecidas (9.7 e 9.8), a distribuição de probabilidades 9.9 é aquela que maximiza a incerteza informacional (por meio da entropia de Shannon) diante daquilo que desconhecemos.

Existem muitas aplicações interessantes para a distribuição 9.9. De fato, esta é muito importante na Mecânica Estatística; com uma roupagem ligeiramente distinta, é conhecida como *distribuição de probabilidades de Boltzmann* e descreve como se dá a distribuição de partículas entre os seus distintos níveis de energia, em um sistema termodinâmico, para uma dada temperatura.[24]

24 Ver Harris, *Nonclassical Physics*.

Um fato importante diz respeito à generalidade do resultado 9.9. Acontece que a restrição 9.8 não é, necessariamente, a única possível, podendo nosso problema ser estendido para um caso mais geral, satisfazendo, igualmente, outras restrições. As restrições também são conhecidas como *momentos*. Assim, de forma geral, o k-ésimo momento pode ser escrito:

$$\left\langle X^k \right\rangle = \sum_{i=1}^{n} x_i^k p(x_i) \tag{9.10}$$

Cabe ressaltar que, para qualquer restrição que se escreva na forma 9.10, então, a única distribuição de probabilidades que maximiza a entropia informacional 9.6, sujeita à condição de normalidade 9.7 e às restrições na forma 9.10, é dada pela seguinte função de distribuição de probabilidades:

$$p(x_i) = \frac{e^{-\lambda_k x_i^k}}{\sum_{i=1}^{n} e^{-\lambda_k x_i^k}} \tag{9.11}$$

O denominador da distribuição 9.11 é conhecido como *função partição* (importantíssima para a Mecânica Estatística na descrição de propriedades dos sistemas em equilíbrio termodinâmico) e, normalmente, é escrito da seguinte maneira:

$$Z(\lambda_1, \lambda_2, \ldots) = \sum_{i=1}^{n} e^{-\lambda_k x_i^k}$$

Substituindo a função 9.11 nas restrições definidas por 9.10, podemos construir um conjunto de equações que, implicitamente, definem as incógnitas λ_1, λ_2,... (multiplicadores de Lagrange), por meio de:

$$-\frac{\partial \ln(Z)}{\partial \lambda_k} = \left\langle X^k \right\rangle \tag{9.12}$$

O emprego da máxima entropia na solução de problemas da Física precisa ser precedido de uma etapa fundamental. Tal etapa consiste em identificar os estados e todas as informações conhecidas de antemão, ou seja, *as restrições do problema*. Assim, definir quais são as variáveis (por exemplo, energia, estado quântico, potencial elétrico, etc.) e seus possíveis estados é crucial para o emprego do princípio de máxima entropia.[25]

De forma geral, sempre que estivermos interessados em obter distribuições de probabilidades, por meio da máxima entropia, se faz fundamental caracterizar quais restrições ou momentos são conhecidos. Para o primeiro e o segundo momentos conhecidos (média e variância respectivamente), obtemos as densidades exponencial e gaussiana de forma analítica – como fizemos para o primeiro caso, distribuição 9.9 –, porém, se momentos superiores forem considerados, não obteremos funções de distribuição "com nome próprio", de maneira fechada. Teremos que avaliar 9.11 e 9.12 numericamente para cada momento adicional, o que nos levará a uma nova função de distribuição de probabilidades.[26]

Moscarda e as entropias

Até agora, conhecemos dois dos "possíveis Moscarda": a entropia de Boltzmann-Gibbs e a de Shannon. Essas duas, coincidentemente, têm a mesma formulação matemática, apesar de, como buscamos mostrar, terem origem e significados distintos. Porém, inúmeras outras formulações de "entropia" são encontradas na literatura científica. Como mostrou Wehrl, já nos finais da década de 1970: "... existe uma variedade tremenda de quantidades

25 Para saber mais sobre o tema da máxima entropia, a sugestão de leitura é o belíssimo trabalho do professor Ariel Caticha, *Lectures on probability, entropy and Statistical Physics*.

26 Para uma discussão acerca dos métodos numéricos para a geração de densidades por meio do princípio da máxima entropia, ver Rockinger & Jondeau, Entropy densities with an application to autoregressive conditional skewness and kurtosis, *Journal of Econometrics*, 106, p.119-42.

entropia-símile, especialmente no caso clássico, e alguém inventa uma nova a cada mês, talvez".[27]

Apenas para citar algumas bastante populares, por exemplo:

formulação	**designação**
$S_R = \frac{\int p^\alpha}{1-\alpha}$	entropia de Renyi
$K = -\lim_{t\to 0}\lim_{\varepsilon\to 0}\lim_{D\to 0}\frac{1}{D\cdot t}\sum p_{cond_i}\cdot \ln(p_{cond_i})$	entropia de Kolmogorov-Sinai
$S_q = k\frac{1-\sum p_i^q}{1-q}$	entropia de Tsallis

Vejamos, ainda a título de exemplificação, o que ocorre com a entropia de Tsallis num caso bastante particular. Se fizermos q = 1, o leitor notará que, uma vez que a soma das probabilidades vale 1, obtém-se uma condição sem solução:

$$S_{q=1} = k\frac{1-\sum p_i}{1-1} = k\frac{0}{0}$$

Contudo, mostra-se que, fazendo a operação-limite de $q \to 1$, S_q se iguala à entropia de Boltzmann-Gibbs, ou seja, essa formulação de entropia se reduz ao evento clássico se o parâmetro $q \to 1$.

Sem nos preocuparmos em detalhar os casos, registremos que, basicamente, a ideia por trás de cada formulação é obter valores de parâmetros (por exemplo, o valor de α na entropia de Renyi, ou o valor de q na entropia de Tsallis) que ajustem a função para um dado sistema. E, então, a partir do valor estimado do parâmetro, interpretar o que pode estar ocorrendo no sistema que o faz se comportar de maneira a resultar no dado valor de parâmetro. Como o leitor pode notar, a abordagem diz respeito, em essência, à incerteza ou ao desconhecimento do sistema. Até a presente data, não houve evidência de que alguma das formulações "entrópicas" tenha uma

27 Wehrl, General properties of entropy, *Reviews of Modern Physics*, 50, p.222.

interpretação física de fato (apesar de haver tentativas em curso para tal – como no caso da entropia de Tsallis).

Reafirmamos que o material aqui apresentado é uma tentativa de expor as diferenças entre a entropia física (de Clausius-Boltzmann) e a entropia informacional (de Shannon). Procuramos mostrar que a entropia chamada de informacional é, sobretudo, uma medida de incerteza, ou seja, uma medida relacionada às possíveis distribuições de probabilidades de um sistema, e não uma função de estado termodinâmico. Tal característica não é impedimento, em princípio, para tratar de problemas termodinâmicos, desde que adequadamente definidos e que sejam formuladas suas características.

Dessa forma, tanto Moscarda quanto as entropias informacionais continuam a caminhar (analogamente) numa incerteza quanto à sua real personalidade. Não se sabe se a função que percorrem depende de trajeto, se os leva ao mesmo estado final e se esse estado final é de equilíbrio termodinâmico. Como o debate ainda é quente, resta-nos uma única incerteza nula: calor ainda há de fluir e trabalho ainda há de se realizar. Contemos que tal trabalho seja útil e que o leitor não se sinta dissipado aqui, ao final do nosso.

Apêndices

1
LOGARITMOS

Este apêndice é apenas uma breve recordação. É bastante comum, longe de ser uma definição, as pessoas expressarem o seguinte quanto a um logaritmo: "O logaritmo de um número numa dada base é a potência à qual a base deve ser elevada para produzir esse número".

Ou, matematicamente:

"Se $\log_b(x) = y$, então $x = b^y$"

No entanto, as propriedades mais interessantes e úteis surgem quando definimos um logaritmo como uma função da seguinte forma:

$$y(x) = \log_b(x) \qquad \text{(A1.1)}$$

Cujo domínio, ou seja, o conjunto dos possíveis valores que x pode assumir, é o subconjunto dos números reais maiores que zero (em notação, $]0,\infty[$) e cujo contradomínio, ou seja, o subconjunto dos números reais com os possíveis valores que y(x) pode assumir é o próprio conjunto dos números reais (em notação, $]-\infty,\infty[$). Isso fica mais claro quando examinamos o gráfico da função A1.1. A Figura

A.1 ilustra o comportamento da função logaritmo para três valores da base, b = 2, b = *e*, b = 10.

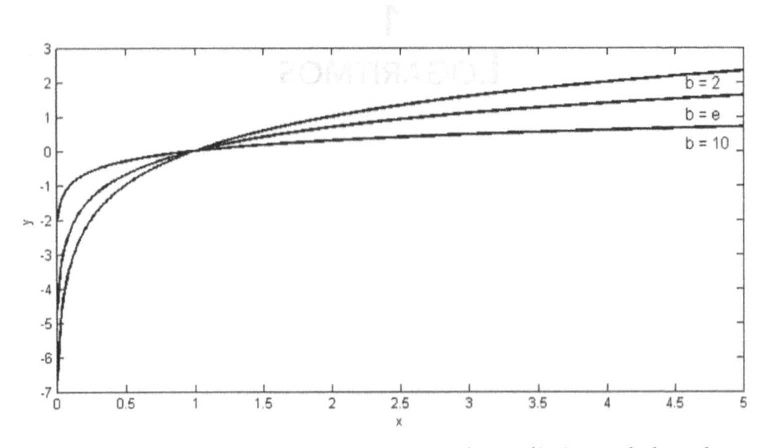

Figura A.1. Função logaritmo para três valores distintos da base b: 2, *e*, 10. Note-se que, independentemente do valor da base, quando x = 1, y(x) = 0. Note-se, ainda, que e = 2,71828182..., sendo um número irracional. Um logaritmo nessa base é comumente chamado de logaritmo neperiano ou natural.

Embora existam diversas identidades interessantes relacionadas à função logarítmica, vamos listar apenas algumas de nosso interesse aqui.

Dados três números, a, b, c, as seguintes propriedades podem ser verificadas:

1) $\log_b(a \cdot c) = \log_b(a) + \log_b(c)$

2) $\log_b(\frac{a}{c}) = \log_b(a) - \log_b(c)$

3) $\log_b(a) = \frac{\log_c(a)}{\log_c(b)}$

4) $\log_b\left(\frac{1}{a}\right) = -\log_b(a)$

2
Máxima entropia I

De forma simplificada, apenas para dar uma ideia sobre o terreno em que estamos pisando, um funcional é uma função de funções, ou seja, uma função cujo domínio é um conjunto de funções. Por exemplo, um funcional *S* que tenha como domínio o conjunto de todas as funções φ(x), definidas no intervalo $a \leq x \leq b$, pode ser escrito como:

$$S(\varphi(x)) = \int_a^b g(\varphi(x))dx$$

Igualmente, podemos definir um funcional $J(p(x)): \Gamma \rightarrow \Re$ que tenha como domínio o conjunto Γ de todas as funções p(x) definidas, por exemplo, no conjunto dos números naturais {0, 1, 2, 3,...}, e limitadas ao intervalo [0,1], ou seja, $0 \leq p(x) \leq 1$, como:

$$J(p(x)) = \sum_{i=1}^{n} g(p(x_i)) \qquad \text{(A2.1)}$$

Esta última será de particular interesse, pois a expressão de entropia informacional de Shannon (9.6) tem exatamente esta forma. Basta fazer k = 1 e $g(p(x_i)) = -p(x_i) \cdot \ln(p(x_i))$.

Introduzindo uma "pequena" função arbitrária $(\delta p(x_i))$, e um número real ∈, de maneira que $p(x_i) + \in \delta p(x_i)$ ainda pertença ao domínio do funcional, a variação Gâteaux, ou simplesmente variação de um funcional J qualquer, é definida como:[1]

$$\delta J(p(x_i),\delta(xi)) = \frac{d}{d\in} J(p(x_i) + \in \delta(x_i))\Big|_{\in=0}$$

A ideia aqui é avaliar para que valores de p(x) um funcional da forma A2.1 apresenta valores extremos que o maximizem ou o minimizem. Pelo cálculo variacional (DS), temos que a condição fundamental necessária para que J(p(x)) apresente um extremo é dada quando a variação A2.2 seja identicamente nula. Assim, os candidatos a extremo são dados quando:

$$\delta J(p(x_i),\delta(xi)) = 0 \qquad \text{(A2.2)}$$

A medida de incerteza informacional (9.6) de uma variável aleatória discreta é um funcional da função de massa de probabilidade p(x). No nosso caso, podemos escrever J(p(x)) como sendo o funcional dado pela soma dessa medida de incerteza mais as restrições que são conhecidas para o problema em questão, por meio dos multiplicadores de Lagrange,[2] (λ_1, λ_2, ..., λ_k), tantos quantos forem necessários, dependendo do número k de restrições conhecidas. Por exemplo, se nossa única restrição for a condição de normalização[3] dada por:

$$\sum_{i=1}^{n} p(x_i) = 1 \qquad \text{(A2.3)}$$

Então, teremos o funcional J(p(x)) dado por:

$$J(p(x)) = -\sum_{i=1}^{n} p(x_i)\ln(p(x_i)) - \lambda_1\left(\sum_{i=1}^{n} p(x_i) - 1\right)$$

$$= \sum_{i=1}^{n}\left(-p(x_i)\ln(p(x_i)) - \lambda_1 p(x_i)\right) + \lambda_1$$

---

1 A variação de um funcional é outro funcional que o aproxima de maneira linear.

2 Para mais detalhes sobre os multiplicadores de Lagrange, ver Smith, *Variational methods in optimization*, ou Kirk, *Optimal control theory*.

3 Essa é, exatamente, a restrição 8.7; repetimos aqui apenas para a comodidade do leitor.

Introduzindo $\in \delta p(x_i)$, ou seja, fazendo $p(x_i) \rightarrow p(x_i) + \in \delta p(x_i)$:

$$J(p(x_i) + \in \delta p(x_i)) = \sum_{i=1}^{n} (-(p(x_i) + \in \delta p(x_i)) \ln(p(x_i) + \in \delta p(x_i)) - \lambda_1 (p(x_i) + \in \delta p(x_i))) + \lambda_1$$

Da condição A2.2 necessária de extremo para o funcional:

$$\delta J(p(x_i) + \delta(x_i)) = \sum_{i=1}^{n} [(-\ln(p(x_i)) - 1 - \lambda_1) \delta p(x_i)] = 0 \qquad \text{(A2.4)}$$

Sendo, de forma geral, $\delta p(x_i) \neq \delta p(x_j)$, $i \neq j$, ou seja, a variação $\delta p(x_i)$ é arbitrária para cada x_i, então a condição que satisfaz A2.4 é:

$$-\ln(p(x_i)) - 1 - \lambda_1 = 0 \qquad \text{(A2.5)}$$

Note: uma vez que λ_1 é um valor único, temos que o valor de $\ln(p(x_i))$ tem que ser o mesmo para todo x_i, ou seja, todas as probabilidades devem ser as mesmas. Do ponto de vista frequentista da probabilidade, isto significa $p(x_i) = 1/n$, como veremos a seguir. Por A2.5, temos que a distribuição de probabilidades que maximiza a entropia informacional de Shannon (9.6), é dada por:

$$\ln(p(x_i)) = -1 - \lambda_1 \Leftrightarrow p(x_i) = e^{-1-\lambda_1} \qquad \text{(A2.6)}$$

que, substituída na restrição A2.3, pois esta deve ser satisfeita, resulta em:

$$\sum_{i=1}^{n} e^{(-1-\lambda_1)} = 1$$

$$n \cdot e^{(-1-\lambda_1)} = 1 \Leftrightarrow e^{(-1-\lambda_1)} = \frac{1}{n}$$

E, logo, por A2.6:

$p(x_i) = \frac{1}{n}$ para todo x_i.

Isto é a distribuição uniforme, como anunciada.

3
MÁXIMA ENTROPIA II

Se, além da condição de normalização A2.3, tivermos como restrição a média, ou primeiro momento:

$$\langle X \rangle = \sum_{i=1}^{n} x_i p(x_i) \qquad \text{A3.1}$$

O novo funcional a ser minimizado passa a ser:

$$J(p(x_i)) = -\sum_{i=1}^{n} p(x_i)\log_2(p(x_i)) - \lambda_1\left(\sum_{i=1}^{n} p(x_i) - 1\right) - \lambda_2\left(\sum_{i=1}^{n} p(x_i) - \langle X \rangle\right)$$

$$= \sum_{i=1}^{\infty}[-p(x_i)\log_2(p(x_i)) - \lambda_1 p(x_i) - \lambda_2 x_i p(x_i)] + \lambda_1 + \lambda_2\langle X \rangle$$

Calculando diretamente a condição necessária para que $J(p(x))$ apresente um extremo, A2.2:

$$\delta J(p(x_i), \delta(x_i)) = \sum_{i=1}^{n}[(-\ln(p(x_i)) - 1 - \lambda_1 - \lambda_2 x_i)\delta p(x_i)] = 0$$

$$-\ln(p(x_i)) - 1 - \lambda_1 - \lambda_2 x_i = 0$$

E, assim, temos que a distribuição de probabilidades que maximiza a entropia informacional de Shannon (9.6), sujeita às restrições A2.3 e A3.1, é dada por:

$$p(x_i) = \frac{e^{(-\lambda_2 xi)}}{e^{(-1+\lambda_1)}}$$

que, substituindo na restrição A2.3, nos leva a:

$$p(x_i) = \frac{e^{(-\lambda_2 xi)}}{\sum_{i=1}^{n} e^{(-1+\lambda_1)}} \qquad \text{A3.2}$$

Agora precisamos, igualmente, satisfazer a restrição A3.1, e isso nos permitirá calcular λ_2. Dessa maneira, substituindo A3.2 em A3.1:

$$\langle X \rangle = \sum_{i=1}^{n} x_i \frac{e^{(-\lambda_2 xi)}}{\sum_{i=1}^{n} e^{(-1+\lambda_1)}}$$

O que podemos igualmente escrever:

$$\langle X \rangle = \frac{1}{\sum_{i=1}^{n} e^{(-\lambda_2 - x_i)}} \sum_{i=1}^{n} x_i e^{(-\lambda_2 - x_1)}$$

Aqui precisamos de um "olho clínico", o que alguns preferem chamar de "matemágica". O que se pretende dizer com isso é que a expressão anterior pode ser reescrita como:

$$\langle X \rangle = -\frac{\partial \ln\left(\sum_{i=1}^{n} e^{(-\lambda_2 x_1)}\right)}{\partial \lambda_2} \qquad \text{A3.3}$$

Esta é a maneira como é encontrada frequentemente na literatura. Da expressão A3.3, calcula-se implicitamente λ_2. Fazendo a operação indicada em A3.3, o leitor verá a igualdade com a expressão anterior. Contudo, está tudo bem se o leitor não vir logo esse resultado, porque, afinal, com o passar dos anos, não ganhamos apenas cabelos brancos.

Referências bibliográficas

ATKINS, P. *Physical Chemistry*. 6.ed. Nova York: W. H. Freeman, 1998. – *É um clássico contemporâneo de Termodinâmica (1ª parte do livro), com ênfase nos aspectos mais teóricos. Leitura fundamental.*

______. *Four laws that drive the universe*. Oxford: Oxford University Press, 2007. – *Livro de divulgação científica, ótimo para um "passeio" por conceitos básicos da Termodinâmica. Leitura fácil.*

BAIERLEIN, R. *Thermal Physics*. Cambridge: Cambridge University Press, 1999. – *O autor enfatiza uma apresentação textual antes das proposições matemáticas. Uma ótima fonte de referência.*

BEJAN, A. *Entropy generation minimization*. Boca Raton: CRC, 1996. – *O autor combina elementos de análise exergética com a geração de entropia de modo a propor um tipo de análise mais direta de problemas. Geral na ideia, específico nos tópicos abordados.*

BERTALANFFY, L. von. *Teoria geral dos sistemas*. Petrópolis: Vozes, 1973. – *Uma ampla revisão e proposição acerca daquilo que se tem chamado de "sistemas". O autor foi um dos pioneiros da área, ainda no começo do século XX. Note, não é um livro de Termodinâmica. A versão citada é uma tradução da obra original de 1968:* General system theory.

CATICHA, A. *Lectures on probability, entropy and Statistical Physics*. 2008. Disponível em: <http://arxiv.org/abs/0808.0012v1> – *Um ótimo texto para o estudo de máxima entropia.*

CLAUSIUS, R. On the moving force of heat, and the laws regarding the nature of heat itself which are deducible therefrom. *Philosophical*

Magazine, 2, p.1-21, 1851. – *O artigo original no qual Clausius define a função entropia.*

COX, R. T. *The algebra of probable inference*. Baltimore: The Johns Hopkins University Press, 2001. – *Desenvolve princípios de abordagem de probabilidades de um ponto de vista lógico, deduzindo propriedades que se deseja que tais funções possuam.*

DUGDALE, J. S. *Entropy and its physical meaning*. reed. Londres: Taylor & Francis, 1996. – *Este livro entrou em nossa biblioteca somente recentemente. Deveria ter entrado antes. Altamente recomendável.*

FENN, J. B. *Engines, energy, and entropy*. Pittsburgh: Global View, 2003. – *Supostamente, um livro escrito para leigos. O leitor descobre que é bem mais do que isso. Além de tudo, conta com divertidas ilustrações feitas pelo autor.*

FERMI, E. *Thermodynamics*. Mineola: Dover, 1936. – *Escrito por um dos físicos mais importantes do começo do século XX, este livro realça alguns aspectos nem sempre evidentes.*

GLANSDORFF, P. & PRIGOGINE, I. *Structure, stabilité et fluctuations*. Paris: Masson, 1971. – *Um clássico da área de não equilíbrio. Um dos autores (Ilia Prigogine), Nobel de Química, dedicou muito de seus esforços para o desenvolvimento desse ramo da Termodinâmica. O texto apresenta os progressos conceituais iniciais de tal esforço, iniciado mais de trinta anos antes pelo autor. Se possível, leia (há versão em inglês).*

GROOT, S. R. de & MAZUR, P. *Non-Equilibrium Thermodynamics*. Mineola: Dover, 1984. – *O livro desenvolve os temas de uma maneira bastante matemática, como habitual na área de não equilíbrio. Contudo, os autores se preocuparam em apresentar textualmente os princípios, o que facilita o entendimento. Não espere uma leitura fácil.*

HARRIS, R. *Nonclassical Physics:* beyond Newton's view. Menlo Park: Addison Wesley, 1999. – *O livro se propõe tratar diversos temas que fogem do escopo da Física newtoniana com linguagem simples e métodos matemáticos que não demandam muitos conhecimentos.*

HARTLEY, R. Transmission of information. *Bell System Technical Journal*, 535, jul. 1928. – *O artigo inicial em que se define o conceito de informação que irá conduzir ao desenvolvimento da entropia informacional de Shannon.*

HILL, T. L. *Free energy transduction and biochemical cycle kinetics*. Mineola: Dover, 1989. – *Quase uma abordagem fora do equilíbrio para sistemas fora do equilíbrio. Texto importante para leitores das áreas biológicas.*

LEFF, H. S. & REX, A. F. *Maxwell's Demon 2*. Bristol: Institute of Physics Publishing, 2003. – *Uma rica e abrangente reunião de artigos científicos publicados ao longo de mais de um século por diferentes cientistas que procuram resolver (ou não) o aparente paradoxo criado por James Clerk Maxwell. Imperdível.*

LINDBLAD, G. *Non-equilibrium entropy and irreversibility*. Dordrecht: D. Reidel, 1983. – *O livro oferece uma abordagem extremamente formalizada do ponto de vista matemático. Muito interessante. Não espere uma leitura tranquila.*

MACKEY, M. C. *Time's arrow*: the origins of thermodynamic behavior. Mineola: Dover, 1992. – *O autor percorre uma série de sistemas dinâmicos discretos mostrando que a função entropia não aumenta ao longo da evolução temporal desses sistemas, apesar de estes caminharem, aparentemente, para condições mais desorganizadas. O texto é bastante matemático.*

MODELL, M. & REID, R. C. *Thermodynamics and its applications*. Englewood Cliffs: Prentice-Hall, 1974. – *Os autores pertencem ao conceituado Massachusetts Institute of Technology e pretenderam dar uma abordagem que mistura a parte conceitual com problemas de engenharia. Nem todos apreciam a leitura. Os exercícios propostos são extremamente interessantes (e complicados, diga-se de passagem).*

MONTEIRO, L. H. A. *Sistemas dinâmicos*. 2.ed. São Paulo: Editora Livraria da Física, 2006. – *Um livro bastante amplo a respeito dos princípios de análise de sistemas dinâmicos. O autor procura ilustrar os conceitos com problemas de várias naturezas, muitos de cunho biológico. Recheado de comentários sarcásticos, o texto é uma importante referência para os interessados na área.*

PLANCK, M. *Treatise on Thermodynamics*. 3.ed (da 7.ed. alemã). Nova York: Dover, 1926. – *Livro escrito de maneira direta. Bastante abrangente, apesar de compacto. Demanda um certo conhecimento em Matemática.*

POINCARÉ, H. *O valor da ciência*. 4.reimp. Rio de Janeiro: Contraponto, 2011. – *Edição traduzida (1995).*

SHANNON, C. E. A mathematical theory of communication. *The Bell System Technical Journal*, 27, p.379-423, 1948. – *O artigo é um marco no que se passou a denominar teoria da informação. Vale a pena ser lido.*

SONTAG, R. E., BORGNAKKE, C. & VAN WYLEN, G. J. *Fundamentos da Termodinâmica*. 6.ed. São Paulo: Edgard Blücher, 2003. – *Um livro de Termodinâmica clássica, com ênfase em aspectos de engenharia.*

WEHRL, A. General properties of entropy. *Reviews of Modern Physics*, 50, p.221-60, 1978. – *Uma excelente revisão e explicação das propriedades da entropia. O artigo é de caráter matemático.*

Leituras complementares

BEARD, D. A. & QIAN, H. Relationship between thermodynamic driving force and one-way fluxes in reversible processes. *PlosOne*, 2(1), e144, 2007.

CALLENDER, C. A collision between dynamics and thermodynamics. *Entropy*, 6, p.11-20, 2004.

CHAUI-BERLINCK, J. G. & BICUDO, J. E. P. W. The signal in total-body plethysmography: errors due to adiabatic-isothermic difference. *Respiration Physiology*, 113, p.259-70, 1998.

GYFTOPOULOS, E. P. Entropies of statistical mechanics and disorder versus the entropy of thermodynamics and order. *Journal of Energy Resource Technology*, 123, p.110-8, 2001.

HOYT, D. F. & TAYLOR, C. R. Gait and the energetics of locomotion in horses. *Nature*, 292, p.239-40, 1981.

JAYNES, E. T. Information theory and statistical mechanics. *Physical Review*, 106, p.620-30, 1957.

JAYNES, E. T. Information theory and statistical mechanics. In: Ford, K. (ed.). *Statistical Physics*. Nova York: W. A. Benjamin, p.181-218, 1963.

KIRK, D. *Optimal control theory*. Englewood Cliffs: Prentice-Hall, 1970.

KOZLIAK, E. Introduction of entropy via the Boltzmann distribution in undergraduate Physical Chemistry: a molecular approach. *Journal of Chemical Education*, 81, p.1.595-8, 2004.

LANGEWIESCHE, W. *Stick and rudder*. Nova York: McGraw-Hill, 1944.

MAXWELL, J. C. *Theory of heat*. cap. 12. Londres: Longmans Greenland, 1871.

NICOLIS, G. & PRIGOGINE, I. *Exploring complexity*: an introduction. Nova York: W. H. Freeman, 1989.

OLIVEIRA JR., S. *Exergy*: production, cost and renewability. Londres: Springer, 2013.

ROCKINGER, M. & JONDEAU, E. Entropy densities with an application to autoregressive conditional skewness and kurtosis. *Journal of Econometrics*, 106, p.119-42, 2002.

ROSEN, M. A. Second-Law analysis: approaches and implications. *International Journal of Energy Research*, 23, p.415-29, 1999.

SMITH, D. R. *Variational methods in optimization*. Mineola: Dover, 1974.

SZILARD, L. On the decrease of entropy in a thermodynamic system by the intervention of intelligent beings. In: Leff, H. S. & Rex, A. F. *Maxwell's Demon 2*. Bristol: Institute of Physics Publishing, 2003.

TANEJA, I. J. *Generalized information measures and their applications*. 2001. Disponível em: <www.mtm.ufsc.br/~taneja/book/book.html>.

TENNEKES, H. *The simple science of flight*. Ed. rev. e aument. Cambridge: MIT Press, 2009.

THOMSON, W. The sorting demon of Maxwell. *Proceedings of the Royal Society of London*, 9, p.113-4, 1879.

ŽUPANOVIC, P., JURETIC, D. & BOTRIC, S. Kirchhoff's loop law and the maximum entropy production principle. *Physical Review* E 70 DOI: 10.1103/PhysRevE.70.056108, 2004.

SOBRE O LIVRO

Formato: 14 x 21 cm
Mancha: 23,7 x 42,5 paicas
Tipologia: Horley Old Style 10,5/14
Papel: Offset 75 g/m² (miolo)
Cartão Supremo 250 g/m² (capa)
1ª edição: 2013

EQUIPE DE REALIZAÇÃO

Capa
Megaarte Design

Edição de texto
Tulio Kawata (Copidesque)
Pedro Barros / Tikinet (Revisão)

Editoração eletrônica
Sergio Gzeschnik

Assistência editorial
Jennifer Rangel de França

um
livro
.com.br